犬を飼うのは やめなさい

ドッグライフプランナーズ代表　ドッグトレーナー
岸 良一

評言社

はじめに

犬は飼える人だけ飼ってくれればいい

「犬を飼いたいんだけど」と相談されたとき、僕がいつも言うことがあります。
それは、「**犬を飼わない人生もありますよ**」ということ。

せっかく犬を飼いたいと思っている人に、いきなりそんな気勢をそぐようなことを……と思われるかもしれません。

犬に携わる仕事をしているのに、意外なことに、僕は犬を飼う人が増えればいい、とは単純に思ってはいません。

正直に申し上げると、「犬は飼える人だけが飼ってくれればいい」。実際のところ、「犬を飼いたいな」と思った人が100人いるとしたら、そのうち50人ぐらいが諦めてくれたら、ちょうどいいと思っています。

理由はもちろん、犬を飼うのは簡単なことではないからです。

「犬を飼わない人生もありますよ。いろいろと大変ですよ」と申し上げたうえで、「それでも犬を飼いたいんです」という方には、次に考えてもらいたいのは犬を飼うときのコストです。これには金銭的負担や体力や時間の負担が含まれますが、まずはお金です。

犬を飼うのにはどれくらいお金がかかるのか――これを考えていない人は意外に多い。ペットショップでケージの横に貼られている子犬の値段しか目に入っていない。当然ながら、買うときよりも、飼い始めてからのほうがたくさんお金がかかります。

おおよその目安ではありますが、犬を飼うためには、生涯で次のような負担が必要です。

小型犬で300万円くらい
中型犬で500万円くらい
大型犬で600万円〜700万円くらい

僕は車が好きなのでよく車にたとえるのですが、「小型犬がカローラ、中型犬がプリウス、大型犬がベンツ」という感じでしょうか。

いかがでしょう？

思ったよりも高いですか？

「ネットで検索したときはもっと安い金額が出てきた」という方もいるかもしれません。いろんな計算方法がありますから、それも間違いではないのでしょう。とはいえ、長年犬にかかわる仕事をしてきて、さまざまなご家庭でのリアルな出費の額を見てきた僕が、経験的に言える金額はこのくらいになります。

ちなみに、この金額には医療費は含まれていません。また、家族旅行の間に預けるペットホテルの費用ももちろん含まれていません。

まったく健康に生涯を終える犬だとして（そんなことはまずありえないのですが）、「小型犬がカローラ、中型犬がプリウス、大型犬がベンツ」くらいのお金がかかるということですね。

おそらく、「気軽に出せる額だな」と思う人はごくごく少数だと思います。

この金額を本当に出せますか？

犬を飼う前に、それを確認してほしいのです。

もちろん、お金がすべてではありません。お金をかけられない分を手間、労力で補うことは可能です。犬を飼うとしたら、手間をかけるか金をかけるか、両方バランスよくかけるか（これが一番いいと思います）。この3択しかありません。

ということは……犬に時間と労力をかけなければ、あなたはもっと仕事や趣味を充実させられるかもしれない。家族との時間を増やせるかもしれない。それもよく考えてください。

「犬を飼わない人生もありますよ」というのはそういう意味です。

そこまで考えて、それでも「飼える」「飼いたい」という人だけ犬を飼ってほしい。
それが僕の願いです。

岸 良一

contents

Lesson 1

犬を飼う前に知っておくこと

contents

Lesson 2
新しい家族を迎えるために気をつけること

Lesson 3 犬のしつけは最初が肝腎

Lesson 1

犬を飼う前に知っておくこと

ペットショップで子犬を抱っこしてしまうと、冷静な判断ができなくなってしまう人は多い。

「もう無理だから手放す」わけにはいきません！

冒頭で「犬を飼うには大きなコストがかかる」と、そのコストを車にたとえましたが、車と犬で決定的に違うのは「中古で売る」ことができるか、できないか。自動車と違って、犬は「ちょっと維持するのが無理だから、手放すよ」というわけにはいきません。

僕は犬のトレーナーを仕事にしています。同業者にせよ、ペットショップをやっている人にせよ、あるいは獣医さんやトリマーさんにせよ、およそ犬を扱う商売をやっている人間は普通「犬を飼うのはいいですよ」「犬を飼って幸せな生活を始めましょう」という話をするはずです。

犬にかかわる職業人で「できれば犬を飼わないでくれ」なんて言うのは僕だけかもしれません。お客さんが減ってしまうのは誰でも困るからです。

もちろん、僕だってお客さんが減って困らないわけではありません。

だからといって、犬を飼えるような環境にないのに、いい加減な気持ちで飼い始めてしまう人が増えるのはもっと困ります。

今の日本で、**犬に関する一番の問題は、手間もお金も割けない状況にある人でも、犬を手に入れることができてしまう。**そのせいで、犬と人が不幸になっていることなのです。

「月々〇〇円で飼えますよ」の欺瞞

お近くのペットショップに行ってみてください。ペットショップの店頭で、子犬はどんなふうに売られていますか？

この犬は何十万円、と値札に書いてあるのはまだいいほうです。

一番問題なのは、「60回の分割払いなら月々わずか〇〇円で手に入ります」という売り方。

「それならこのかわいいワンちゃんを飼える！」と思った人には、たしかにその額は払えるのでしょう。

でも、「それ以外にどれだけ手間ひまとお金がかかるかわかっていますか？」と聞きたくなるのです。

「買うときはわずかな額しかかからなくても、飼ってから膨大なお金がかかる、くらいのことは、普通想像できるものでは？」と思うでしょう。

でも、**ペットショップで子犬を抱っこしてしまうと、冷静な判断ができなくなってしまう人は多い**のです。

安易な気持ちで犬を飼ってしまう人が多いばかりでなく、安易な気持ちを店側が助長するような売り方をしている。これが非常に問題です。

楽しく暮らせると思ったのに、なぜか不幸に…

僕のところには、いろいろな問題行動がある犬が連れてこられます。その原因は飼い方にある場合も多いのです。

だとしても、「どうにもならないからお金でなんとかしよう」「プロの手を借りよう」と考える飼い主さんは、まだましなのです。連れてこられた犬がひどい状態だとしても。

飼い主がすぐに投げ出してしまって、人知れず捨てられたり、里親に出されたりする犬も多いのです。犬にとっても、人間にとっても、不幸なことです。楽しく暮らしたいと夢見て犬を飼ったのに、それが悲劇につながってしまう。

本来は、犬を飼うことは簡単なことではないし、「さまざまなコストがかかる」といった**耳の痛い情報を売り手側がちゃんと伝えなくてはいけない。それがプロの**

責任です。

しかし、現状を見る限り、どこかで動物の販売方法にかかわる法改正が必要になってくると思うほどひどいものです。とはいえ、制度を変えるためにはまず「今のような犬の売り方はおかしい」という人が多数派にならないといけません。

僕らにできることとしては、質のいい顧客を集め、ビジネスとしても成功しながら知名度を上げること。そして「うちもやり方を変えよう」という事業者を増やしていくことしかないと考えています。

今のところ、ペット業界でこんな話をするのは僕くらいというのが現状ですが……。

飼い主には人生、犬には犬生がある

いきなり業界全体の問題の話をしてしまいました。

じつは、僕のこうした問題意識は、ドッグトレーナーとして仕事をしていくうえでの考え方とも関係しています。

トレーナーの中には「訓練が完了すればＯＫ」という考え方の人もいます。つまり、お座りや伏せがちゃんとできる、ちゃんとマナーを守れるようになって……と、何かができるようにする。それがドッグトレーナーの仕事だという考え方です。

もちろん、それは大事なことです。ただ、僕が考えるドッグトレーナーの仕事は、犬が何かをできるようにして終わりではありません。

飼い主には人生があり、犬には犬生があります。

たまたま出会った両者がともに生活するなかでは、さまざまな問題も起こります。そんな**犬と人との関係を生涯にわたって客観的に見てゆく。関係をよくする手伝いをしていく。そんな「触媒」みたいな存在がドッグトレーナー**だと考えています。

人間も犬もライフステージによって変わっていきますから、両者の関係も変わっていきます。問題はいつ発生するかわからない。そのときにどう対応するか。最適な答えは、問題が起きる前から継続的に見ていなくてはわからないでしょう。

ドッグトレーナーの役割はライフプランのサポート

だから、ドッグトレーナーは犬と飼い主の家族に生涯にわたってかかわる必要があるのです。

僕の会社の屋号に「ライフプラン」という言葉が入っているのは、そんな理由があります。

ライフプランにかかわる仕事だからこそ、犬を飼おうと思った人には入口の段階で「犬を飼わない人生もあるんですよ。いまならそっちも選べますよ」と助言するのも仕事のうち、というわけです。

犬を飼うということは、もう「犬を飼わない人生」という選択肢はなくなる、ということです。「合わないから、やっぱり返す」というわけにはいかないのです。

決して気軽には出せない額のお金がかかることに加えて、犬との生活には膨大な時間も差し出さなくてはなりません。そのことをくれぐれも忘れないでほしいのです。

子どもの「ちゃんと世話する」は要注意

お金だけでなく、労力もかかる、ということを考えると、自分の体力とも相談する必要があります。

そこで、「犬を飼ってみたい」と思ったときには、必ず考えてみてほしいことがあります。

それは、10年後の自分の体力です。

今、子犬を飼い始めたとして、10年後には老犬になった犬を介護できるでしょうか。**成犬になったときの体重を考慮したうえで、抱えて病院に連れていけるだけの体力が自分、または家族にあるかどうか。**それを考えてみてください。

10年で家族構成も変わる

家族構成の変化も考える必要がありますね。

具体的にアドバイスすると、お子さんが「犬飼って。ちゃんと世話するから」と言っても、絶対に信じてはいけません。もちろん、お子さんは嘘をついているわけではなく、本気で「ちゃんと世話するぞ」と決意しているのだとは思います。今は。

しかしながら、10年後、お子さんは進学したり、就職したり、結婚していてもおかしくない年代になります。はたから見ると、

「世話するからって言うけど、君、10年後には家出てるでしょ？」というパターンが非常によく見られます。要注意です。

子どもの希望で犬種を決めてはいけない

犬を選ぶうえでも、家族のライフプラン、特に主に世話をする人の人生設計に合わせて、犬の大きさや性質などを考慮していくことが重要です。

小柄なお母さんが中心になって世話をするのに、大型犬で大丈夫なの？ といったことも考慮しなければいけません。当たり前のことのようですが、案外皆さん見落としがちなポイントです。

「子どもが飼いたいというから、子どもの希望どおりの犬種を飼うことにした」みたいな話をよく聞きます。

実際にあった相談例だと、こんな話がありました。相談にこられたのはお母さんです。

「ボーダーコリーなんですけど、散歩のとき引っ張られて大変で大変で……」とおっしゃる。

　こちらとしては、「でも、なんでボーダーコリーを?」と聞きたくなります。口には出さない本音を補うと、「なんで（お母さんが世話をするのに）ボーダーコリー（みたいな扱いのむずかしい犬種）を?」という意味です。

　案の定、「うちの子が飼いたいって言うから」という答えでした。このパターンがじつに多いのです。

ボーダーコリー

希望する犬種を断るブリーダー

　それでも、このお家ではなんとかしようと相談にきてくださったので、かなりま

しな例だと言えるでしょう。実際にはどうにも犬と家族の相性が悪くて、お互いに不幸な結末を迎えている例はいくらでもあります。

そうならないように、**「家族の現状」「家族の10年後の姿」を含めて、しっかりと把握して、犬との生活をプランニングする。**それにふさわしい犬を入手する。これが大事です。

もちろん、初めて犬を飼う人だとしたら、「そうは言われても、正しい判断ができるかどうかわからない」と心配になると思います。だからこそ、本来は犬を売る側がミスマッチが起きないように配慮するべきなのです。

実際、ちゃんとしたブリーダーさんは犬を譲るときにその点をよく考えています。「犬を譲ってほしい」という人がいたら、詳しく家族構成や生活環境をヒアリングする。そのうえで、たとえば「この家にうちのボーダーコリーを譲ったらえらいことになるぞ」と判断したら断るわけです。

海外のブリーダーさんは特にそうですが、ビジネスというよりは自分たちの好きな犬種の保全、発展を第一に考えているので、問題が起こるとわかっている家に送り込むという選択はありえないのです。

犬は家族を「群れ」と思っている

家族構成と相性と関連して、犬を飼う前に知っておくべきことをもう少し深掘りしてみましょう。

こう言うとギョッとされることが多いのですが、**基本的に人と犬は宿主と寄生獣の関係**にあります。

「犬が人間に寄生している」というのはなかなかインパクトのある表現かもしれません。けれども、考えてみてください。少なくとも飼い犬は、生きるための栄養やら住処やらを人間に頼っています。

飼い主がいなくなってしまったら、たちまち犬は生命の危険にさらされる。そう考えると、犬は間違いなく寄生獣なのです。

人間と犬が一緒に住むということは、一つの住処に複数の個体が生活するということです。ということは、個体間の関係を調整するために、必ず何かしらのルール、または統制が必要です。当然、ここでは宿主である人間が統制をとらなければなりません。

家庭の中で犬がちょうどいいポジションを占められるように、人間が導いてやる必要がある、と言ってもいいでしょう。

犬は、自分が暮らしている家族を群れと認知することが多い。お父さん、お母さん、子ども、犬、ではなく、「4頭の群れ」だと考えています。そう思ったほうが間違いがないと思います。

よく言われるのは、その群れの中で、犬は下から2番目に自分のポジションを置きたがるということ。要するに、自分で全部仕切るような優位のポジションは大変だから避けたいけど、自分の都合のいいところではちょっと我を通したい……ということなのでしょう。

犬というのは、もともとそういう生き物なのです（人間にも、たまにこういうタイプの人がいますよね)。

そのことをふまえて、「群れ」の中には犬をコントロールできる、いわゆるリーダーにあたる人が最低1人は必要ということになります。

犬の世話――一番負担になるのはお母さん

では、家族の中で誰がリーダーになるのがよいでしょうか。

犬は人を見るとき、性差を感じます。女性のほうが男性よりもどちらかというと劣位に見られやすいのです。また、壮年の人と高齢者だったらお年寄りのほうが劣位に見られやすい。子どもと成人だったら、圧倒的に子どものほうが劣位というのが犬の感じ方です。

こうした基準でポジションを決めていくので、迎える家族の構成を見て、どのポジションに犬をフィットさせるべきかを最初に考えたほうがいいでしょう。

よくあるパターンが、お子さんが小さいうちは、犬は小さな仲間の庇護者の立場になるので、対立しない。お子さんが育っていくと「こいつ強くなってきたな」と犬が意識しはじめ、対立することも出てきて徐々にポジショニングが変わっていく。子どもが大きくなって、大人になると犬は自分より優位だと思うようになる。

最終的には家族の中で犬のポジションが一番低くなる……というのが、一番安定した形だと思います。

犬は子どもの2倍手がかかる

ただ、そこに行き着くまでには、犬が小さなお子さんを自分より劣位に置く時期があることが多いものです。そこは大人がコントロールしなければなりません。たとえ子どもの希望で飼うことになった犬であっても、世話を子どもに丸投げしてしまうのは無茶だということです。大人がしっかりコントロールする必要があり

ます。その点はよく理解しておいたほうがいいでしょう。

ついでに言ってしまうと（これもまたせっかく「犬を飼いたい」と思っているみなさんの気勢をそぐような話ではあるのですが……）、そもそも小さいお子さんがいる家で犬を飼うことにはあまり賛成できないのです。それは、主にお母さんの立場を考えてのことです。

子どもだけでも手がかかるのに、その2倍くらいは手がかかる犬を飼ってしまったらどうなるか。

もちろん、今どきはお父さんも子育てに参加するのでしょうし、犬の世話は家族みんなで分担しようという話で始まるかもしれません。けれども、いろいろなご家庭を見ていると、結局はお母さんに子育ても犬の世話も負担が集中してしまうケースが多いのです。

犬種は一番世話する人が決めなさい

また、子どもがある程度大きい場合だと、「あなたが飼いたいって言ったのに、ちっとも世話しないじゃない！」と子どもを叱っているお母さんをよく見ます。

自分も子ども時代にペットのことでお母さんに叱られた、という記憶がある人も多いでしょう。いずれにしてもお母さんが大変なことになるパターンが多いのです。

そうならないために、最初が肝腎だということ。犬を世話すると言っている人は、本当に世話をするのかどうか。分担はどうするのか。それをしっかりと、かつ現実的に決めることです。

ついでに言っておくと、犬を飼うかどうか、どんな犬を選ぶかといった問題については、**「実際に犬を飼い始めたら、一番接点を持つ時間が長くなる大人」が決定**

権を持つようにしましょう。

犬種選びなどは家族内でも意見が割れることが多いものです。お父さんはゴールデンがいい。娘さんは柴犬がいい。お母さんはチワワがいい……というように。こういう場合、「どうしたらいいですか?」という相談を僕のところに持ってこられる場合もけっこうあります。

答えは簡単で、犬と過ごす時間が一番長い大人が決めるべきです（繰り返しますが、そういう大人はお母さんになることがほとんど、というのが実状です）。これが後で揉めない判断のしかたです。

「子どものために犬を飼う」という発想は危険

子どもの言うとおりに犬を選んだり、そもそも飼うかどうかを決めてはいけない、というのはおわかりいただけたと思います。

もう一つ気をつけていただきたいのが、親御さんのほうで「子どものために（も）犬を飼おう」という発想をしてしまうこと。

もちろん、お父さん、お母さんご自身がある程度は犬好きだとは思うのですが、同時に「子どもの情操教育にもいいだろうし、犬でも飼うか」という発想をしてしまうことがけっこうある。これはいけません。

はっきり言って、危険です。

子どもと犬が仲良く過ごしている様子は微笑ましいものです。そんな家庭に憧れる人が多いのもわかります。

とはいえ現実には、子どもと犬のミスマッチが起きる確率がけっこう高い。犬が来ること＝お子さんにとっていいことだと思っている人が多いのですが、想像している以上に手間が大きくなりがちなのです。

ドッグトレーナーをしていて、よく遭遇する場面があります。

僕の教室では「預託」といって、一定期間、犬を預かってトレーニングをするカリキュラムがあります。預けに来る日は、飼い主さん一家はそろって「離れたくない」とか「会えないのは寂しい」と言って、面会日を心待ちにしながら帰っていきます。ところが、いったん預かってしまうと……2週間のトレーニングの期間中、電話1本してこないことが多々あります。

もちろん、皆さん犬がいなくなって寂しいのは間違いないと思います。

一方で、犬を飼う以前のある意味で楽ちんだった生活を思い出すことも事実だし、犬なしの生活を満喫してしまうのも仕方がない。そのくらい犬を飼うのは大変ですから。

犬を預けてトレーニングすることの効用

ちなみに、犬を預かる方式のトレーニングはやらないという主義のトレーナーもいます。「訓練所に滞在している間はいい子でも、家に帰ったら元に戻っちゃうか

ら意味がない」というのです。

僕は必ずしもそんなことはないと考えています。トレーニングの効果が持続するかどうかはやり方次第。何より、**いったん犬と飼い主が距離を置いて、関係をリセットする効果があるのは大変重要**だと思っています。

このように、いつも一緒に暮らしていた犬と離れてみると、どれだけの手間を取られていたかがわかります。

ということは、お子さんは「犬が来てからお母さんの時間が犬に取られてしまっている」と感じるかもしれないということ。たとえ本人は言葉に出さなくてもです。赤ちゃんが生まれたときの上の子と似ているかもしれません。

寂しく感じさせることのないように、お子さんとのコミュニケーションもいっそう重要になります。それも忙しい親御さんにとっては大変でしょう。

もちろん、お子さんがいても犬との生活にスムーズに入っていける家庭もたくさんあります。お母さん任せにせず、お父さんが子育てにも犬の世話にもコミットする家庭などはうまく行きやすいでしょう。そのあたりは各家庭の事情があるので、一概には言えません。

一般的に言えることとしては、やはり経済的にも時間的にも余裕がある世帯でないと難しいということ。そして「子どものために、犬でも飼うか」という安直な発想は禁物ということ。逆効果の危険性も高いのです。

犬を飼うのに必要な間取りって？

犬を飼うのにふさわしい環境、と考えると、住環境が気になる方も多いでしょう。
「犬を飼うには、家がある程度の広さじゃないとだめですよね？　うちの間取りでも大丈夫ですか？」「最低どのくらいの間取りが必要か、目安はありますか？」といった質問はよくあります。
犬が健康に生きていくためには十分な運動量を必要とします。ですから、動き回れる広い家であれば、それに越したことはありません。特に大型犬の場合は。当然の話ですね。

とはいえ、だったら普通のお家のリビングでラブラドールリトリーバーやゴールデンリトリーバーを飼えないかと言えば、そんなことはありません。

ワンルームでもシェパードを飼える？

僕はこの仕事を始めたばかりの頃、ワンルームでシェパードと暮らしていたこともあります。そう言うと、「え？　ワンルームでシェパード？」と驚かれるのですが、家自体が狭くても、近くにのびのび運動できる公園などのスペースがあり、散歩で十分な時間をとれるなら、問題はありません。

犬を飼うのに必要な広さについては、住宅の間取りそのものというより、犬の生活環境全体でどれくらいスペースがあるかを考えましょう。

たとえば東京都内だと、夏は暑すぎて日中散歩に出られないでしょう。犬は暑さに弱いですから。それどころか、炎天下のアスファルトを歩かせるとすぐ肉球に水ぶくれができてしまいます。

このような場合は、家のなかである程度運動できるか、「夏は家族で避暑地の別荘で暮らしますので」というお家でもないと、大型犬を飼うのは厳しいでしょう。

住環境については、犬が活動できるスペースが十分にあるかどうかを、自宅とその周辺をあわせて総合的に判断するようにしてください。

今どき犬は室内飼い一択か

最近は犬も室内飼いにするのが普通、という感覚が広がってきました。

とはいえ、いまでも郊外に行くと、普通に庭に犬を繋いでいる家はけっこう見かけます。犬をコンパニオンアニマル＝人間と共同生活をする生き物と考えるか、家の外で番犬のような役割を果たす生き物と見るか、で飼い方も違ってきます。

いずれにしても、犬の飼い方については、日本人の感覚は極端であるということは知っておいたほうがいいでしょう。つまり、中で飼うか、外で飼うかしかないのです。

「え? 室内飼いと、外飼いのほかにやり方があるの?」と疑問に思われるかもしれません。

じつは、外国には猫のように「半外」で生きている犬もいるのです。犬用の扉から勝手に出たり入ったりして、庭でトイレをして帰ってくる、といった暮らし方をしている犬は珍しくありません。この感覚は日本人にはないと思います。

想像してみるに、**日本で犬の「半外飼い」をしたら大変なことに**なりそうですね。すぐにご近所の人に通報されるでしょう。

犬は猫と違って用を足したあとに自分で埋めたりもしませんから、その方面でも大問題になるでしょう。

さて、犬の飼い方が基本的に「中か外」の二択、となると、どちらを選ぶべきか。答えは明らかでしょう。

外の犬はこちらの目が行き届かなくなるし、十分なコミュニケーションがとれないので問題が起きやすい。なにより、犬と共生する醍醐味を味わえない。結論として室内飼いのほうがいい、ということになります。

ちなみに、日本でも今後「半外」の飼い方が可能になっていくかというと、難しいと思います。そもそも、犬が人間の生活に溶け込んで生きていることに日本人はなじみがない。比較的、人間の生活に溶け込んでいる猫と比較するとわかりやすいと思います。

神社仏閣でも、犬は入れないのが当たり前。**「お犬様」を祀っている有名な某神社ですら、境内に犬は立入禁止**と立て看板に書いてあります。

外国にもそういう規制がないわけではありませんが、たとえば**ポルトガルのカフェの入口に書いてあった注意書きは「1人5頭以上の犬は入れないでください」**でした。

日本人からするとびっくりするような感覚です。犬の半外飼いができる国々とは、根本的に文化が異なるのです。

楽しいのがいいなら犬、楽なのがいいなら猫

「犬を飼うのは大変ですよ」

「安易な気持ちで飼い始めてはだめですよ」

といった忠告を、ここまでしつこいくらいにしてきました。

「大変なのはよくわかりました。でも、犬種によって大変さは違うでしょう？　飼いやすい犬だっているのでは？」と質問したくなった人がいるかもしれません。

その点に興味を持つのは当然だと思います。

「飼いやすい犬種ってなんですか？」という質問をされると、僕はこう答えます。

「楽をしたいなら猫がおすすめです」

ふざけているように思われるかもしれませんが、本気です。

これも、犬を飼いたいという方に僕がよくアドバイスすることなのですが、「楽

しいのがいいなら犬、楽なのがいいなら猫」。楽というのは、手間がかからないということです。

犬を飼うのでも、猫を飼うのでも、命を預かることの重さは変わりません。とはいえ、かかる手間は犬と猫で圧倒的に違います。両方を飼ったことがある方なら頷くはずです。

我が家でも、前に飼っていた犬が亡くなったあと、しばらく猫しか飼っていない時期がありました。そのときにつくづく思ったのは「猫は楽でいいな」ということ。基本的に、猫は自分から勝手に飼い主と距離をとる生き物です。だから人間との間に摩擦が少ない。それが楽な理由です。

犬はどうかというと、放っておいたらずっと飼い主の横にくっついています。**犬を飼うということは、家の中にストーカーを同居させるのと同じ**です。大げさに言っているのではありませんよ。

犬は飼い主にずっとついて回って、トイレにまでついてこようとして、ドアを閉めると鳴き続けて、ドアを開けるまでやめない。きわめて摩擦の大きい動物なのです。

「ストーカー？　そこまで面倒なんだ……」と感じたのなら、おそらくあなたは犬よりも猫を飼うほうが向いているということです。

犬を飼うのに向いている人は、犬の面倒くささを「これぞ、犬と暮らす醍醐味」と感じられるタイプの人なのかもしれません。

犬を飼ううえでの負担の大きさこそが、「飼い主である自分が必要とされている」という実感につながっている。そういう魅力はたしかにあるのだと思います。

以上をふまえたうえで、飼いやすい犬種について、改めてもう少し親切に答えておきましょう。

たしかに犬種によって、活動的とか大人しいとか、従順とか頑固といった一般的な傾向はあります。ただ、個体差も大きいので、あまり犬種の特徴を当てにしすぎてもいけません。そのことを知ったうえで、自分にとって飼いやすい犬種を考える意味はあるでしょう。

ベストマッチな犬種の判断法

では、自分にとって飼いやすい犬種を見極めるには、どうしたらいいのでしょうか。

普通はドッグカタログとか犬の図鑑といった本、あるいはネット上の情報にあたってみるでしょう。ただ、見てみるとすぐわかることですが、この手の情報源には「いいこと」しか書いていません。この犬種は賢いとか、人間に対してフレンドリーだとか、穏やかだとか。

ここまでの話を理解していただいている方なら、本当に知らなければいけないのはむしろネガティブな情報、「こういう性質があるから、あなたには向かないかもしれませんよ」といった話であることは、おわかりだと思います。

いいことばかり書いてあるカタログは、最適な犬種を選ぶうえで当てにならない

のです。

ここで、一つお教えしておきたいのが、犬の図鑑、ガイドブック的な本、雑誌、ネット上の情報源の読み方のコツです。情報源を正しく「裏読み」する方法、と言ったほうがいいかもしれません。

❶ある犬種が「利発」とか「賢い」と書いてあったら
「ずる賢い」「油断がならない」と訳しましょう。

❷ある犬種が「活発」だと書いてあったら
「手に負えない運動量」と読み替えましょう。

詳しく説明します。まず、❶の「利発」な犬種について。

利発さ、賢さというのは、要するに観察と学習の能力のことです。

「利発」な犬は暇さえあれば人間を観察しています。観察を通じて「自分のこんな行動に対して、人間はこんな反応を返してくる」というケーススタディを積み重ねていくのです。「こいつ、吠えたら振り向いたぞ」というように。

たとえば**ボーダーコリーは、この観察&学習をえんえんとやっている「利発」=ずる賢くて油断がならない犬種の典型**です。

ずっと観察されている、と考えると、ちょっと気味悪く感じる人もいるでしょう。怖がる必要はないのですが、賢い犬の前では「見られている」という意識、常に「主人」でいるという覚悟は必要です。

つまり、犬の前では一瞬たりとも「主人」のスイッチを切れない。だからいっそう面倒くさいし、疲れるわけです。


次に、❷の「活発」な犬種について。「手に負えない運動量」というのはどのくらいの運動量のことでしょうか。

わかりやすく言うなら、**フルマラソンを走ったことがある人、あるいはいつかフルマラソンに挑戦したいと思っている人、といったアクティブな方が飼うのだったらおすすめしてもいいかな、というレベル**です。

僕だったら「活発」と書いてある犬は飼いません。これまた相当の覚悟がいる犬種だと思ってください。

誤解してほしくないのですが、利発な犬や活発な犬の悪口を言っているのではないのです。もちろん、何度も例に出してしまっているボーダーコリーを貶めたいのでもありません。

高い能力を持っているからこそ、犬が好きな人にとっては魅力もあります。「どうせ犬を飼うなら、ぼーっと座っている犬では面白くない。パタパタと走り回る利発な子犬のほうがかわいい」と感じるのは普通のことです。

また、こうした**尖った能力をもつ犬種だからこそ、さまざまな使役犬にもなれる。ボーダーコリーが災害救助犬として大活躍している**のはご存知のとおりです。

ただし、飼いやすさという観点から見ると、突出した能力はどちらかというとマイナス要素になります。**飼いやすいのはぼーっとしているくらいの犬。犬種でいうとシーズー**あたりです。

ちなみに、犬種図鑑などでそのまま信じていい記述もあります。それが「穏やか」。

性質が穏やかである、と書かれている犬種は、実際に飼いやすいことが多いようです。

大型犬を飼える人、飼えない人

犬種の話になると、大型犬種が気になる方もいるでしょう。あの存在感に魅力を感じると同時に、やっぱり見ただけで飼うのが大変だとも感じる。

どのくらいの苦労を覚悟すべきなのか、どんな人だったら大型犬を飼うのにふさわしいのか、といった質問を受けることはよくあります。

大型犬を飼うことを考えているなら、まずは犬の寿命を想定してみることです。ここでは15年生きると想定してみましょう。

この場合、**35歳を過ぎている人は大型犬を飼わないほうがいい**というのが僕からのアドバイスです。看取るときに50歳が、大型犬を飼ううえでの限度ということ。

犬が年をとって、足腰が悪くなって介護するときに、自分の体力も衰えていると大変です。特に、大型犬の場合は重いので負担が大きい。

というわけで、**50歳までに愛犬を看取ることができるか？　ということを、大型犬を飼うかどうかの基準にする**のがいいでしょう。

もちろん、年齢は目安です。例外は多々あります。50代、60代で自分はどれくらいの体力があるか？　を考えたうえで「60代になっても自分は大丈夫、大型犬の介護ができる」と判断されるならそれでいいと思います。

大事なことは、最後まで自分の足でシャキシャキ歩いてパタンと逝く犬はあまり多くないと知っておくこと。介護の負担は覚悟しておきましょう。

その点さえ気をつければ、大型犬だからといって特別に心配する必要はありません。犬は犬ですから、ちゃんとトレーニングをすればコントロールできないということはないのです。

ドッグライフプランナーが教える「十大人気犬種」の長所&難点

もう一つ、犬種選びについて現実的なアドバイスをするとしたら、「飼育頭数が多い犬種は飼いやすい」と考えていいと思います。現代日本人のライフスタイルに合っている犬種がたくさん飼われているはずだからです。

ただし、人気犬種にも難点はあることは忘れずに。ネガティブな面も知っておけば、飼い始めてから「こんなはずじゃなかった」という事態に陥ることを防げます。

というわけで、人気上位の犬種の特徴と注意点をざっと紹介しておきましょう。参考にしてください。

❶トイプードル

トリミングにとてもお金がかかります。手入れを怠ると毛玉だらけになり、皮膚病にかかってしまって大変ですからトリミングは避けるわけにはいきません。

「トイプーは毛が抜けないから楽」と言われるのを聞いたことがあるかもしれません。そのとおりです。部屋が毛だらけになって掃除が大変、という心配はしなくて大丈夫です。

そのかわり、トイプーを含めた「毛が抜けないから楽」な犬種たちはほぼすべて、**「毛が抜けない反面、トリミングやカットは頻繁に必要な犬種」**でもあると考えてください。

トリミング頻度は多い子だと2週間に1回くらい。最低でも月1は絶対必要です。性格的には飼いやすいトイプーですが、とにかく手入れにはお金がかかります。

トイプードル

❷チワワ

統計をとったわけではないですが、経験上、病気をしやすいという実感があります。特に呼吸器の疾患が出やすいので注意したほうがいいでしょう。

あとは、気をつけないと太りやすい。転がったほうが早そうな体型のチワワをよく見かけます。

元々**チワワはよく咬みつく犬**です。僕より上の年代の獣医さんだと、チワワ＝咬むと思ってる人が少なくありません。今はそんなことはないのですが、かわいい見た目のわりに激しい気性なのは確かです。

チワワ

❸柴犬

よく言われることですが、柴犬は頑固な犬です。

柴に限らず日本犬は頑固だし、どうしても歯が当たるし、「人につく」ところがあるので、特定の人の言うことしか聞かなかったり……と、やりにくいところはあります。トレーナー視点で言うと、同じことを教えるなら洋犬よりも日本犬のほうが反復回数が必要です。

柴犬は大きく2タイプに分かれていて、見た瞬間にわかります。ヘラヘラとして何も考えていない、楽しそうな柴と、常に「戦闘態勢」という感じの柴です。

抜け毛がとても多いです。トイプーとは逆で、トリミングはしなくていいかわりに掃除が大変。

爪が伸びるのが早いです。それでいて爪切りをすると激怒します。だから柴と聞いて僕が最初にイメージするのは「爪切りが面倒だなあ」ということ。

柴犬

柴犬を含め、日本犬は認知症がひどくなりやすい傾向もあります。いわゆる徘徊や常同行動（同じ行動を繰り返す）、夜鳴きなどは圧倒的に洋犬よりも日本犬のほうが多いです。

この傾向は、じつは日本犬の長所の裏返しです。

肉体的には和犬種が一番強く、年をとっても衰えが少ないから体力が十分ある。脚が衰えず、動きまわれる。だから認知症が入ってくると延々と自分の尻尾を追っかけてぐるぐる回ってしまったりする、というわけです。

もちろん、日本犬は認知症の出やすい遺伝的要素を持っているという理由もあるのでしょうが。いずれにせよ注意が必要です。

❹ミニチュアダックス

ミニチュアダックスも太っている子は多いですね。

関節に問題が出やすいのは、長い胴体を支えているのでしかたないでしょう。

ダックスの特徴、あるいはダックス飼い主さんなら頷く「あるある」なのですが、

トイレが当たらない（失敗しやすい）傾向があります。

体が長いぶん、ペットシートからちょっとだけはみ出してしまう。嘘みたいですが本当の話です。だから「うちの子のトイレは惜しいんです」とダックスの飼い主さんはよく言います。本犬としては、ちょうどいいところでしてるつもりなのだと思います（ちなみにコーギーも胴体が長すぎてトイレを外してしまいがち）。

性格は、多少うるさいことを除けば飼いやすいほうだと思います。飼ってみると、サイズ感も含めて日本人の暮らしに「ちょうどいい」と感じますし、人気の理由に納得できる犬種です。

ミニチュアダックス

❺ポメラニアン

最近のポメラニアンは骨が細い子が多いように感じます。**手羽先みたいな細い骨しか入っていなくて、骨折しやすい。**

もともとのポメラニアンはそれなりにがっちりした犬なのですが、小さくて華奢な個体が好まれているうちに体格が変わってきたのでしょう。

ポメラニアン

僕の会社でも、最近はポメラニアンとティーカッププードルに関しては、預かるときの契約書の内容を変えることを検討しているほどです。「骨折しても責任を持てません」という条項を入れておかないと、あまりにもリスクが高すぎるのです。それくらい華奢な個体が目立ちます。

豆柴もそうですが、ある犬種を小さく、華奢に変えていった場合は、基本的に問題が起きやすい。そのことは理解しておいてください。

❻ミニチュアシュナウザー
プードルに負けず劣らずトリミング代がかかる犬です。

性格は、利発さ（前項参照）とともに向こう気の強さがあります。

中身が詰まっていて、見た目よりも重い犬です。同じサイズのポメラニアンと並べると、2倍くらい重い感じ。抱っこして運ぶのは意外と大変だと感じるでしょう。そのかわり、もろくて怪我をしやすいシュナウザーは見たことがありません。

ミニチュアシュナウザー

❼フレンチブルドッグ
疾患の玉手箱です。皮膚疾患から始まって呼吸器、心臓。基本的には短命です。

短頭種（はなが潰れた犬種）全体の傾向ではあるのですが。リスクが高いので、少し前までは「短頭種は一切乗せません」という航空会社もあったくらいです。

独特の風貌は魅力的ですが、その点は知っておいていただきたいと思います。

❽ヨークシャテリア

テリアの特徴で、意思表示や表情がはっきりしています。動きも激しいです。

サイズはトイプードルと同じくらいですが、**がっちりしているので一緒に生活するコンパニオンとして安心感**はあります。

ただし、毛は無尽蔵に伸びていくので、手入れは大変な犬種です。

フレンチブルドッグ

❾シーズー

一言で言うなら、**手間がかからない。おとなしい。お留守番もできる**子が多いです。難点は口の周りの毛をちゃんと手入れしないとよだれや食べ物で汚れて臭くなるくらい。僕のようなドッグトレーナーのところには、ほとんど持ち込まれない犬種です。つまり、そのくらい手がかからない、問題を起こしにくい犬ということです。

ヨークシャテリア

シーズー

トリミングは必要ですが、プードルやヨークシャテリアほどの手間はかかりません。

個体差はあるものの、飼いやすい犬種と言っていいと思います。楽をしたいならシーズーはイチオシです。

⑩ゴールデンリトリーバー

よく知られている大型犬です。有名なだけに「大きいのよね」というイメージはできているはず。

しかし、実物は想像しているよりもさらに大きいので注意してください。想像ではなく、ちゃんと親犬を見て「30キロぐらいかな」と見当をつけて飼った場合でさえ、成長したら45キロになった……なんてこともよくあります。

ゴールデンリトリーバー

人懐こく、常に「体をくっつけろ」と要求してきます。その割にけっこう咬む。

本気で咬む犬はもちろん大問題になりますが、そうでなくても袖をくわえて「散歩に行こう」と引っ張る、といったアピールをしてきます。ゴールデンの飼い主さんのシャツの袖やズボンの裾が縦に裂けているのは「あるある」です。

どの犬種にも魅力がありますが、大変な部分も当然あります。最終的にどの犬を選ぶにしても、気になった犬種をいろいろと調べてみることが大事です。

同じ犬種でも個体差が大きいことを忘れない

犬と一緒に何をしたいか、という目的が定まっている人は、目的にあわせて情報収集をして犬を選ぶのもいいでしょう。

たとえば「田舎暮らしをして犬と一緒に山に登りたい」と思っている人だったら、

小型犬だとちょっと厳しいですね。体高が低い犬は、段差を踏破していくのが苦手だからです。山登りのお供なら、ある程度大きい犬から選んだほうがいいでしょう。

このように、目的が明確にあって、それに合った犬を選ぶようにすると「こんなはずじゃなかった」はある程度防げるでしょう。

とはいえ、やはり犬を飼うとなると、思ってもみなかったことは起こります。しつこいようですが、その点は繰り返し言っておきます。

これは、犬を飼った経験がある人でも同様です。1頭目の犬との暮らしが楽しかった。だから2頭目も同じ犬種を飼ったのに……「前の子と全然違う！」というケースはよくあるのです。

犬種による差ばかりでなく、個体差が大きいことも忘れないでください。

そして、個体差が大きいからこそ、犬の血統はちゃんと追いかけられるようにしておかないといけません。**親の性質を見れば、生まれてくる子犬の性質もある程度予想がつく**からです。個体差のばらつきの範囲を予想することができます。

子犬を1頭ずつばらしてペットショップに陳列してしまうと、それができません。親と子犬を一緒に見せてくれるペットショップはなかなかありません。

親の性質から子犬の性質を予想することができないと、飼い主とのマッチングでズレが出てきやすくなります。あとで詳しく述べますが、ペットショップでの犬の販売にはそんな問題もあるのです。

人気のミックス犬はここに注意

血統の話が出たので、最近人気のミックス犬についても触れておきましょう。

ミックス犬で最近よく話題になるのはチワワとトイプードルをかけ合わせた「チワプー」とか、マルチーズとトイプードルの「マルプー」とか、人気犬種の特徴を兼ね備えた、独特のかわいさがあるものです。

個体によってどちらの特徴が強く出ているかが違ったりして、個性もある。だから人気があるのもわかるのですが、おすすめできるかというと微妙です。

じつは、ミックス犬にはこの業界の闇の話が絡んできます。

純血種の犬には、血統書を発行されるのはご存知でしょう。前述のように、ちゃんと血統を追えるようにしておくことは、犬と人の幸せな暮らしのためには大切なこと。だから血統書には大きな意味があります。

では、血統書を発行しているのは誰か、ご存知でしょうか？

日本国内では一般的にＪＫＣ（ジャパンケネルクラブ）が発行する血統書が利用されていますが、それとは別に特定の犬種に特化した単犬種任意団体も存在し、そちらで発行される血統書も存在します。

親犬があまりに幼齢であったり、逆に高齢であったりすると先天的な疾患を持った子犬が産まれてきてしまう可能性が高いので、元々はこの団体単位で「自主規制」として犬の生涯繁殖回数を制限していました。特定の繁殖回数や年齢の範囲を超えると血統書発行条件を満たせなくなり、血統書の発行を拒絶されるという仕組みでした。

それが令和4年4月から適用された「令和3年環境省令第七号改正動物愛護法」により、「牝犬の生涯出産回数は6回まで」ということが明確に定められました。これにきちんと従うと、繁殖用の犬が生涯に子供を産めるのは最大6回ということになります。7歳を超えた犬は、もはや子犬の「生産」には使えません。7歳の母犬が子を産んだとしても、ルール違反なので管理団体は血統書を発行してくれないからです。

ただし、このルールがトレースできるのは、純血種に限った話であることに注意が必要です。

「血統書つきのミックス犬」はいません。ペットショップで純血種の犬が血統書なしで売られていたら商品としての価値が下がり、売れ残る可能性が高まりますが、ミックス犬なら血統書がないのはあたりまえ。普通に売れていきます。

つまり、7歳を過ぎて、もう純血種の繁殖に使えない犬でも、実際にはミックス犬を生ませることはできる。結果的に生涯に1頭の母犬から「生産」できる子犬の数を大幅に増やすことができる。となれば繁殖事業者にとってはとてもおいしい話でしょう。

一方で、高齢の親から欠陥のある子犬が生まれるのを防ごう……という法令はすっかり骨抜きにされてしまうわけです。

ペットショップで売られるミックス犬が増えている背景には、こんな裏の事情もあるのです。

F2以降に重篤な欠陥が出る確率が高まる

とはいえ、純血種同士のミックスで生まれた子に欠陥が出ること自体は、じつはそれほど多くはありません。問題は、その後の世代です。

チワワとトイプードルをかけて、チワプーが生まれました。これをミックスの第1世代、F1といいます。ここでは欠陥が出ることはめったにない。

次に、チワプーを増やすために、チワプー同士をかけました。ここで生まれる第

2世代がF2です。このF2以降に重篤な欠陥が出る確率が高まるのです。関節の形成が不完全だったり、てんかんが起きやすかったり、パターンはさまざまです。

どうして第2世代以降に問題が出るのか、不思議に思われるでしょう。

理由は、**そもそも純血種自体が、ある意味でいびつな存在**だからです。

ざっくりと言ってしまえば、**人間の都合で交配を繰り返して、血を濃くすることによって個性を際立たせたのが今存在しているさまざまな犬種**です。

血が濃くなると当然、遺伝的な問題も起きやすくなります。ブリーダーたちは長年蓄積された経験則によって、緻密に血統をコントロールしています。それでどうにか健康な個体が生まれるようにしているのです。

血統書つきなら何代でも先祖をたどれますから、それをふまえて「この血筋とこの血筋をかけるのはまずい」「そろそろこっちの血統も少し入れておいたほうがいいだろう」といった細かい配慮を常に行っているわけです。犬種ごとに管理団体があって、さまざまな制限を加えているのも、遺伝的な問題を防ぐためでもあります。

そもそもこうした精密なバランスの上に成り立っている、デリケートな存在が純血種です。それを適当に他の犬種と掛け合わせてしまうと、バランスが崩れてしまうのは自明です。最初はわずかなひずみかもしれませんが……。

しかし、ひずみは代を重ねるごとに大きくなっていく。だから第2世代以降が危ない、ということです。

ペットショップで売ってるミックス犬が絶対ダメというわけではありません。たしかに「あたり」の子もいます。

でも、一定の確率で問題のある子が生まれてきてしまう。それは仕方のないことですが、ビジネスのために遺伝的な欠陥を防ぐ取り組みがないがしろにされている。そこが問題だと僕は考えます。

ここまで、犬種についていろいろ述べてきました。

おそらく飼い主さんは全員、自分の犬が一番かわいいと思っていると思います。いつも「かわいい、かわいい」と言っているから、犬は自分の名前は「かわいい」だと思っている。これは、ごく当たり前のことです。

ここで述べた犬種についての評価は、あくまでも犬種選びのアドバイス。飼い主と犬のミスマッチが起きては双方にとって不幸ですから、それを防ぐためにいろいろなことを申し上げました。ここで取り上げた犬種を飼っている方は、どうか「悪口」とはとらないでいただけたらと思います。わかっていただけるとは思うのですが。

急増する犬の介護・認知症問題

最近は長生きする犬が増えて、介護の相談も増えています。

特に多いのは、高齢犬を抱えた高齢者の飼い主の老老介護をどうするか、といった相談で、飼い始めるときは元気でも「自分たちがどこまで世話できるのか」を考えていないと、後々大変なことになります。

高齢の飼い主さんが多頭飼いしているような深刻なケースもあります。

犬の認知症の相談も増えています。「夜鳴き徘徊が始まったけど、どうしよう」といった話をよく聞きます。

最近のことですが、15歳の柴犬を連れていらっしゃった飼い主さんのケースがあります。じつはこの犬、13歳頃から認知症が始まっていて、すでに一度、相談に来られたことがありました。

そのときは、日中の留守番時間が長いことが原因だと目星をつけました。**留守番が長い子は刺激がずっとない環境に置かれるので、認知症になりやすい。**その方はたまたま勤務先が近くだったので、昼にいったん帰宅してもらうようにして、運動量も増やしてもらいました。症状は改善し、そのときは問題が解決したのです。

それが約2年たって、また相談にいらっしゃったわけです。さらに認知症が進んできて、夜中の2時、3時に吠えるようになった。家族全員が眠れなくなってしまって、仕事にも差し支えるし、困っているという。深刻です。

飼い主さんはかなり思い詰めていらっしゃって、「先生、私の口からは言いにくいんですが、**安楽死という方法は選択してもいいんでしょうか?**」と相談されたのです。

僕は個人的に、犬を飼う目的は犬と飼い主、両者の人生・犬生の質が上がることだと思っています。

同時に、人と犬の関係は宿主と寄生獣の関係です、ともいつも言っています。**犬は人間に寄生して生きている。だから宿主が倒れるわけにはいかない。結局は共倒れになる**からです。

そう考えると、お互いの犬生・人生の最後の段階を不幸にしたくなかったら、安楽死という方法を選択しても間違いではないと僕は思います。

そんなふうにお答えすると、飼主さんは泣いてしまいました。

そして、「そうですよね。でも、もうちょっとだけ頑張ってみます」という結論を出されました。もちろん、この選択だって間違いではありません。

「それなら、とにかく人間が倒れないレベルで頑張りましょう。毎日寝られないのはまずいから、週のうち2日程度でもペットホテルに預けてぐっすり眠るようにしてください。うちでも協力できることはしますから、なんとかやっていきましょう」とアドバイスをしました。

「ドックライフプランナーズ」という屋号には、赤ちゃんから墓場に行くまで、飼い主さんに伴走するパートナーでありたいという願いを込めています。これから増えていく犬の高齢化、介護、看取りの問題でも飼い主さんの力になれたらと思っています。

DOG BREAK

ペットに関する調査

マーケティング・リサーチ会社のクロス・マーケティングが実施した調査によると（2024年実施、20〜69歳の1100人対象）、ペットを飼っている人は全体の28・6％で、そのうち、**犬を飼っている人が47・9％、猫を飼っている人が38・1％**で、犬派がまだ多いことがわかります。次いで、魚類6・9％、鳥類3・9％になっています。

ペットの入手経路は、ペットショップが43・8％で最も多く、次いで「友人・知人から」が18・0％、「拾った」12・7％、「ブリーダーから直接購入11・4％、「保護団体・ボランティア団体」8・8％、インターネットショップ1・0％などとなっています。

この結果を犬と猫で比較してみると、**犬の入手経路のトップはペットショップからが53・8％なのに対し、猫の入手経路のトップは「拾った」が33・3％**です。猫の入手経路、ペットショップからは15・3％、「友人・知人から」が24・7％になっています。

ペットを飼うようになった理由については（現飼育者、複数飼育者は最も愛着があるペットについて）、**「一目見て気に入って」が35・3％、次いで「日常生活で寂しい**

と思って」が22・1%、「こどものため」13・5%、「貰い手が必要だった」13・2%、「保護されている動物を助けたくて」10・0%などとなっています。

つまり、犬の場合は特に、ペットショップなどで見て、「可愛い！」と一目で気に入ってしまい、飼うことになったケースが多いことが伺われます。

犬を飼うことのメリットは、「癒される」72・7%、「楽しい」54・4%、「家庭内での会話が増える」42・4%、「コミュニケーションの輪が広がる」31・7%などとなっています（複数回答）。

反対に、**犬を飼うことでの困りごとは、「ペットを置いて長期間留守にできない」が39・0%、次いで「ペットロス」34・4%、「病気になってしまわないか心配」30・3%、「お金がかかる」25・0%、「掃除が大変」24・2%、「ちゃんとしつけられない」14・1%、「自分が死んだあとどうなるか」12・1%**などとなっています。

このようにいろいろと楽しみもある反面、面倒なことも少なくないペットとの生活ですが、**今後ペットを「飼いたい」11・2%、「できれば飼いたい」19・5%**で、全体の3割強の人が飼いたいという希望をもっています。このうち、**最も飼いたいペットは「犬」が66・3%、「猫」が50・4%**となっています（複数回答）。

Lesson 2

新しい家族を迎えるために気をつけること

理想的なことを言えば、飼い主でもブリーダーでもない、客観的な立場の人間が「ドッグライフプランナー」として、子犬を選ぶ段階から助言ができればいいと思います。

信頼できるブリーダーを見つける

自分が犬を飼えるかどうかよく考えたうえで、「やっぱり飼いたい。ちゃんと飼える」と確信が持てた。自分に合いそうな犬種も見極めた。

ここまできたら、いよいよ新しい家族として犬を迎える準備に入ることになります。

次にやるべきこととして、「どうやって犬を入手するか」を考えていきましょう。

最も一般的で、誰でも最初に思いつくのは、ペットショップへ行って子犬を買ってくる方法でしょう。あるいは、ブリーダーから譲ってもらうことを考えている人もいるかもしれません。保護団体から引き取ってくるという方法もあります。

現実的には、この3つあたりが選択肢になるでしょう。

3つのうちどれを選ぶか……ですが、僕がおすすめしたいのは、とりあえずいいブリーダーさんを探すこと。ただし、あくまでもちゃんとしたブリーダーさんであることが重要です。いわゆる「繁殖屋」ではなく、「シリアスブリーダー」と呼ばれるまっとうなブリーダーを見つけなくてはなりません。

とはいえ、これから初めて犬を飼おうという人が、ブリーダーの良し悪しを判断するのは難しいでしょう。どこを見て判断すればいいのかを知りたいと思います。

一番わかりやすいのは「親犬を見せてください」と頼むことです。きちんとした繁殖をしているブリーダーなら、親犬とその飼育環境を見せられるはずです。

「えっ？　親犬を見せてくれないブリーダーもいるの？」

「見せられないような環境でやっているブリーダーもいるの？」

と、驚かれるかもしれません。悲しいことですが、実際には親犬を見せられない、飼育環境を見せられないブリーダーは非常に多いと思います。

レッスン1で触れたペットショップの問題は、ブリーダーの〝闇〟からしたらたいしたものではありません。問題があって炎上したペットショップのチェーンもありますが、これは人の目に付くからこそ叩かれるわけです。お店にはお客さんの出入りがあるから隠しきれない部分があります。一方、ブリーダーはすべてを隠せてしまいます。

犬の専門学校を出て、犬にかかわる仕事だからと地方の繁殖屋にうっかり就職してしまった人が最初にやらされた仕事は、犬を山に捨てに行くことだった……みたいな話はよく聞きます。昔の話ではなく、ここ数年の話です。

おすすめはたくさんの犬種を扱っていないブリーダー

そのくらい、ひどいブリーダーは本当にひどい。というわけで、ちゃんと親を見せてくれるブリーダーを探しましょう。

もう一つ、いいブリーダーを見分ける基準があるとしたら、たくさんの犬種を扱っていないこと。できれば1種類、多くて3種類が限度です。まともなブリーダーは、普通は1犬種しか扱っていないものです。

ペットショップにはないブリーダーの優位性は、犬種ごとの特性に詳しく、特定の血統をきちんと追いかけられること。たくさんの犬種を扱っているブリーダーは、守備範囲が広い分、一つの犬種についてはそこまで深く追求していない可能性が高いのです。

では、親犬をちゃんと見せてくれて、単一犬種に絞って繁殖しているブリーダーさんをどうやって見つけたらいいか。

まずは皆さん、ネットで検索してみると思います。すぐにたくさんの情報がヒットするはずです。その中から、ブリーダーさんを中心とした飼い主のコミュニティを見つけるのがいいでしょう。

コミュニティがあるということは、そのブリーダーから犬を譲ってもらった飼い主がネット上で定期的に交流し、ときにはオフ会なども行っているということ。子犬を譲ったあとも、どう生育するかを追いかけている真剣なブリーダーさんであり、飼い主たちにも信頼されていることがこれでわかります。

初めての犬で保護犬はあり？

犬好きだから、不幸な状況にいる犬を助けたい。保護犬をうちに迎えよう、という選択をされる方もいます。けっこうなことなのですが、初めて犬を飼う人にとってふさわしい選択かというと、難しいものがあります。

僕の考えとしては、保護犬を引き取るのは、すでに犬を飼った経験のある人にしかおすすめしません。

保護犬の難しいところは、それまでの履歴がわからないケースが多いこと。何かあったときにどんな反応を示すかわからないのです。

わかりやすい例で言えば、基本的には穏やかな子だけれど、じつはトラウマがあって、あるきっかけがあったら攻撃的になって咬みついてしまう。そんなことも十分ありえます。

保護犬がそれまでどんな犬生を過ごしてきたかは、保護団体側でもわからない。もちろん、譲り受ける飼い主にもわからない。言い方は悪いですが、飼ってみなきゃわからないガチャの世界です。しかも、ガチャを引いてみて「だめだったから次」というわけにはいかないのですから。

加えて、履歴がわからないということは、残りの寿命が予想しにくい。これは犬と家族のライフプランを考えるうえではデメリットになります。

もちろん、保護犬を飼うメリットもあります。成犬になっているから排泄のサイクルなどは出来上がっていて、扱いやすい面もあります。予想外に大きくなるということはないのも助かります。

保護犬を引き取る場合、難易度の高い犬が割り当てられる確率がペットショップやブリーダーから買うよりは確実に上がります。結論としては、初めて犬を飼う人にはおすすめしません。

「保護犬ビジネス」にご用心

初心者には難しすぎる、というだけならまだいいのですが、保護犬については最近、もっと深刻な問題が出てきています。犬の保護、保護犬の譲渡を、ビジネスとして行っている団体が出てきていることです。

最近流行っているのは、ペットショップの売れ残りや繁殖で使い終えた犬を里親募集に回すという「ビジネスモデル」です。

これは、営利目的ではなく、真面目に里親を探している保護団体からすればとんでもない話です。言い方は悪いですが、ペットショップの下請け業者がやっている「里親探し」で保護犬の「市場」が食われてしまう。つまり、普通の保護犬の行ける家庭がその分減ってしまうわけですから。

保護活動がビジネス化している例は他にもあります。

最近はあまり付き合っていないのですが、以前は大きなショッピングモールにあるペットショップに出張してトレーニングをする、といった機会もときどきありました。

モールを運営している有名企業の目的は、人がたくさん来てお金を落としていくことです。それ自体は当たり前で、別に咎めるつもりもありません。ただ、その目的からすると、犬や猫がいて触れ合うことができるペットショップは一種の「アトラクション」です。これが問題です。

ショッピングモールの〝客寄せ〟に

客寄せですから、とにかくお客さんが来てくれればいいというわけで、大型商業施設に入っているペットショップの中には、こちらのゾーンには何十万円のプライスをつけて売っている犬がいて、通路をはさんだ隣のゾーンには里親をさがしている保護犬のケージを並べて……なんて作りになっているところもあります。

ちょっと信じられないセンスですが、本当の話です。

「どうやったらこの感覚で営業できるのかな？」と僕は思うのですが、店側やモール側はそれを問題だとは思っていません。

しかも、どうかしているのは売る側だけではありません。

「あっちの犬は50万だけど、こっちの犬はタダだから、こっちもらっていくわ」みたいな人たちも、やっぱり世の中にはいるのです。「タダだから」という理由でもらわれていく犬が幸せになれるわけがありません。


このように、客寄せパンダ的に保護犬が使われる場合もあり、それに乗せられてしまう人もいて、犬が犠牲になっています。

別な問題もあります。

お金儲けを目的にしているわけではない、その意味で真面目な保護団体にしても、お金が集まることは一生懸命やるのですが、お金が集まらない活動には、あまり熱心ではない。これは、僕自身も活動にかかわったことがある経験上、はっきり見られる傾向です。

善意の活動といえども、資金がなかったら維持できません。「犬を助けるためにこそ、お金を集めなければいけない」という論理も理解できます。

とはいえ、あまりお金集めに熱心になりすぎると、どこかで目的と手段が逆転する。よくある話です。お金と善意のちょうど真ん中で、いいバランスをとれている団体がなかなか見つからないのが問題です。

善意だからこその落とし穴

東京の繁華街では今でも見かけますが、東日本大震災のときに遺棄された犬の子孫らしき犬を連れてきて、「里親探しをしています」と募金を呼びかけている団体があります。善意を疑うつもりはありませんが、僕に言わせれば的はずれな活動です。

東日本大震災のときに飼い主から離されてしまった犬、そこから生まれた第2世代以降で、人間と暮らした経験がそもそもない犬。そんな犬たちが山の中で暮らしているのを、わざわざ捕獲してきて里親を見つけて、誰が幸福になるのでしょう。もう野犬になっているんだから放っておいてあげるほうがまだマシです。

人や犬を恐れない熊

近年は熊が人里に降りてくることが問題になっています。理由の一つは熊が犬を怖がらなくなったことです。かつてはどこにでもいた野犬の群れがほぼいなくなってしまったので、犬の集団に襲われるというトラウマ体験がない熊ばかりなのです。

そういう熊は当然、犬を恐れません。むしろ、庭先で繋がれている単体の飼い犬は獲って食べればいいと思っています。

熊が人里に降りてくるようになって、人との共存が難しくなっている。その一方で、わずかに残っている野犬を捕まえて無理やり飼い犬にしようとする活動は、僕には理解できないのですが、みなさんはどう考えますか？

そうかと思うと、熊くらい危険な犬を引き取ってなんとかしよう、という活動をする人もいます。

ある訓練士さんは、どうしても咬みついてしまう犬を死ぬまで面倒を見る活動をされています。普通の人はとても飼えないくらい凶暴だからです。

「咬まれて中指がなくなった」とか、「3、4箇所骨折して、針金が入っていて手が動かない」とか、いつもそんな状態に置かれても活動を続けている。普通の人にはとても真似のできない活動です。

熊と一緒に住めないように、そういう犬は人間とは暮らすことができません。にもかかわらず、どうしても犬を保護したいという善意で活動されているわけです。

でも、中指がなくなったときは、「さすがにこれは無理だ」というので、その犬を処分したいとSNSでおっしゃっていました。

するとそれを見て批判する人がいる。「その犬、どうなっちゃうんですか！」と。

「いやいやいや、生かしておけないだろう」としか言いようがない。「どうなっちゃうんですか！」はあまりにも無責任な発言です。

「里親募集」という新しいビジネスモデル

最近はペットショップ、それも大きなチェーンがグループぐるみで保護犬の里親募集に協力している、といったこともよくあります。

すべてではないですが、中には繁殖で使い終わった犬、あるいは売れ残った犬、商品にならない犬の飼い主を「里親募集」という形で探しているケースもあります。

一見、犬を売るビジネスとはまったく違う活動のようですが、これも実態をちゃんと知っておいたほうがいいでしょう。

あるペットショップチェーンがやっている保護団体では、里親になるために、まず何万円かの登録料のようなお金がかかります。登録料制度はほぼすべての保護団体で取り入れていますから、それはいいとしましょう。

ところが、保護犬を見せてもらって話が進んでいくと、「犬をお譲りするにあたって、必ず指定の保険に入っていただくのが条件です」と言われます。なんだか話がおかしくなってきました。

保護団体のフリをしてお金を要求する

さらに、譲り受けに当たって「5年間分のドッグフードを購入していただきます」と、ドッグフードのサブスクみたいなものに加入させられます。おかしいなとは思いつつ、それでもせっかく出会ったワンちゃんだから……と受け入れて、いよいよ譲渡契約書にサインをするという段になって、

「で、寄付はいくらいただけますか？」と聞かれるのです。

すごいやり口だな……と思いませんか？　こういうことが本当に行われているのです。

突っ込みどころはたくさんありますが、たとえば5年分のペットフード代はけっこう大変な金額です。にもかかわらず、譲り受けた犬がそのペットフードを気に入らなくて食べない可能性もある。途中でアレルギーが出て食べられなくなる可能性もある。年をとって、健康のために別のフードに変えなければいけないこともありうる。その場合でも5年分のフード代を払う義務は免除されません。

ちなみに、あれやこれやと理由をつけて払わされるお金を合わせると、ほぼ生体を購入したのと変わらない金額になります。ペットショップで犬を買ったのと同じです。

譲り渡す側からすれば、ショップでは売れない犬を「里親募集」という形にすれば、ショップで売ったのとほぼ同じ売上になる。普通の見方をすれば、それはビジネスでしょう。

こういう「里親募集」は今、かなり増えています。

「犬の里親募集」で検索したら、トップに広告を出している団体はこの手のタイプである可能性が高い。

ついでによくあるのが、こういう団体の理事の名前を見ると、有名なペットショップチェーンの役員だった、というパターン。新しいビジネスモデルがすでに確立されているわけです。

もっとも、彼らには彼らのロジックがあります。

「繁殖の終わった親犬の行き先を決めたり、病気や障害のある犬の行き先を決めないと殺処分をゼロにすることはできない」というのです。たしかにそうかも……と思う人も多いから、問題は複雑なわけです。

きっかけは東日本大震災

犬の保護活動とお金の問題に僕がこだわるのには理由があります。

じつは、今のように犬の保護活動が盛んになったきっかけには、自分も多少かかわっているような気がしているからです。

この言い方だといいことのようですが、別の見方をすれば「犬の保護はやり方次第では金が集まる」という認識が広まってしまった、その責任の一端が自分にあるかもしれないのです。

十数年前、紛争地域や被災地の人道支援をしている団体と協力して、災害救助犬を育成するプログラムを担当していた時期がありました。その活動の一環として２０１１年3月にはスイスに研修に行っていました。瓦礫の山に埋められて犬に探してもらうという訓練を体験していたのです。

犬に掘り出されながら「現実にこんな災害は、自分が生きている間には起こらないだろうな」と思っていました。

ところがその晩ホテルで寝て、目覚めたら日本で大地震が起きていた。現実にたくさんの人が生き埋めになってしまっている。

僕たちを指導してくれていた災害救助犬の訓練士たちから「招集されて日本に救助にいく。だからレッスンは中止だ」と告げられました。

日本人である僕たちが「どうかよろしくお願いします」と言って、スイス人の救助隊を日本へ向けて送り出す、という奇妙な経験をすることになりました。

状況的にすぐ帰国するわけにもいかず、そのときは2週間ほどスイスに取り残されました。ようやく戻れそうになったときには、原発事故のほうが大変な騒ぎになっていました。

「犬、拾いに行くか（助けに行くか）」

残念なことですが、災害から2週間たつと生存者の救助は絶望的になります。言い方はよくないけれど、人間の命の問題は一段落つく。人の生き死にが問題になっているときに犬の話をすると叩かれるので黙っていたのですが、そろそろ被災地の犬たちのことを考えてもいい頃です。

ちょうど帰国するという段階で、旧知のお客様からの相談もありました。「福島の原発近くから避難したんだけど、犬を家に置いてきてしまった。どうしたらいいですか?」と。

すでに救出活動を始めていた犬の保護団体もあったのですが、「原発があるから福島には行かない」という団体ばかりでした。

無理もありません。仮に行こうとしても交通機関は動いていないし、ガソリンだって手に入らないから車を動かせない状況でしたから。

ところが、運命なのかなんなのか、僕の場合は特殊な事情がありました。

僕の趣味は自動車のレースです。若い頃はプロを目指したこともあります。だから家のガレージにはガソリンの携行缶が当然ありますし、たまたまある程度の量のガソリンも備蓄していました。

「行こうと思えば、行ける」

というわけで、協力してくれる人と一緒に「犬、拾いにいくか」ということになりました。

もちろん、行き先はどの団体も手を出せない福島です。

福島ではいろいろなことがありました。

原発から水蒸気が上がっていくのが見える距離で、鼻血を出しながら犬を救出したり、おもしろい話がいろいろあるのですが、「福島編」だけで本一冊になってしまいますから、また別の機会に回しましょう。

要するに、震災が起きたことで、僕とある団体で進めていた災害救助犬のプログラムは中断してしまいました。主催団体は震災の援助活動で忙しくなり、救助犬の訓練をやっている場合ではない、というわけです。

保護犬のシェルターづくり

その一方、僕は福島に行って飼い主と離れた犬を連れて帰ってくることができた。そうなると、保護した犬を住まわせる場所が必要です。シェルターを作ろうとしているところで、たまたまその話を支援団体にしたところ「うちが資金の一部を負担するから施設を作ってくれ」という話になりました。

いろいろな援助活動をやっている団体ですから、ちょうど災害救助犬プロジェクトが頓挫したところでもあるし、新たなパイロット事業としてそちらを進めてほしいというのです。

ここから僕は、保護犬のシェルターづくりにかかわり始めることになりました。

その結果、何が起きたか――。

言い方が難しいのですが、人道支援をする団体にとって災害は「イベント」です。「イベント」がないと寄付は集まらない。お金が集まらないと団体を運営していくこともできません。

僕に犬の保護活動、シェルターづくりというパイロット事業をやらせた結果、主催団体には多額の寄付金が集まりました。

高額な料金を払って新聞広告を出しても、それ以上に寄付が集まるのが犬の活動だということに彼らは気づいてしまったのです。

いつの間にか、団体の本部がある自治体の「殺処分数をゼロにしよう」というスローガンをぶち上げて、自治体とも共同で保護犬のプロジェクトが本格的に動き出していました。

僕はその保護犬プロジェクトにもコンサルタントとして参加することになり、いろいろな相談を受けました。

たとえば、こんなことがありました。施設を見せられて、「ここに犬を何頭入れられるでしょうか?」と質問されたので、「最大で50頭、できれば20から30にとどめたいですね」と答えた。ところが、最終的にその施設には数百頭を越える犬が収容されました。

ちなみに、職員は5人しかいないのに。ご想像のとおり、犬舎の中はカオスです。僕はその状態になったときにはもうプロジェクトから離れていて、直接見てはいません。かなりひどい状態だったことは、後に女優の杉本彩さんが告発してニュースにもなったので、知っている方も多いでしょう。

必要ないことなのかもしれませんが、僕はこの件についてけっこう責任を感じています。

つまり、「犬で寄付が集まる」と気づかせたのは僕だし、実際に年間何億も集まるような事業になってしまった。それで犬が幸せになっているかというと、実態は問題だらけだということが明らかになっている……。

犬の保護活動はもちろんいいことです。同時に、いろいろな問題もある世界だということは知っておいてほしいのです。

「いいペットショップ」とは

ここまで何度も述べてきたように、僕はペットショップでの犬の売り方は問題だらけだと思っています。

そんな話をしていると、「でも、いいペットショップだってあるんじゃないですか？　見分け方を教えてください」と質問されることがあります。

ペットショップも犬の入手方法として無視するわけにはいきませんから、一応「いいペットショップの見分け方」もお教えしておきましょう。

まず、犬を選び放題のペットショップにいいところは一つもありません。「人気犬種はみんな揃ってます」「常時30頭以上ご用意してます」といった感じの店は、いいペットショップではありません。

僕がお付き合いさせてもらっているペットショップは、基本的にいつでも5頭以

下しか子犬がいません。同じ親から同じときに生まれた「同胎」の子犬が数頭だけいる、という感じです。

だから「女の子がほしい」というお客さんがいても、もう女の子は行き先が決まっていて、男の子しかいないこともある。そういう場合は「次回の繁殖の予定は何月頃です、生まれたら連絡します」という扱いにします。

いわゆる「普通の」ペットショップのように、ほしい犬がすぐ手に入るわけではないのです。

多種・多数の子犬をいつでも集めて置いている、巷で人気のペットショップとは、まるで違うやり方です。

ペットショップは子犬の数が少なければ少ないほどいい

そもそも、別々の場所で生まれた子犬を一箇所に集めるという行為自体が問題で

す。当たり前でしょう。どう管理したところで感染症の温床になるに決まっていま
す。

子犬は免疫がないからなおさらです。人間でも感染症が流行したら学級閉鎖にして子どもを集めないようにするでしょう。

ペットショップは、子犬の数が少なければ少ないほどいいのです。

現実は逆で、どのショップも「在舎〇百頭」なんて宣伝をしています。犬の数が多い、選択肢が多いことがお客さんにとって魅力になるとわかっている。

だからこそ、まずは消費者の感覚を変えていかないとまずいと僕は思います。たくさんの犬がいて、さまざまな犬種の中から選べる状況を「いいこと」だと思う感覚を改めないといけない。

もちろん、ペットショップで買うという選択自体は、リスクとメリットをわかったうえでなら止めるつもりはありません。

ただ、ペットショップで買った犬が咳をしていたり下痢をしていたりすると、ほとんどの人は「不良品」をつかまされたという感覚になってしまうと思います。そ

れは間違いです。ペットショップの犬が感染症にかかりやすいのは当たり前。ショップで犬を買うというのは、基本はそういうことです。わかったうえでの選択ならかまわないというのが僕の考えです。

犬選びのコツは「真ん中」

繰り返しになりますが、犬を迎えるうえで、理想的な方法はよいブリーダーさんに出会うことです。

では、よいブリーダーさんと出会えたとして、いよいよ自分が譲ってもらう子犬を選ぶときにはどうしたらいいですか？　という質問もよくあります。

たとえば、ブリーダーさんのところに子犬が5頭生まれたとします。これは同胎犬といって、同じお母さんから同じタイミングで生まれた子犬たちです。だからこそ、その中でも一頭ずつ個性があるのがわかる。個体差を比較できるわけです。

こんなとき、僕が犬を選ぶときのポイントは「一番元気な子と一番おとなしい子ははずす」です。

理由は、どちらも別方向にとんがっているから。真ん中くらいの子、いちばん特徴のない子が、お母さんお父さんの標準的な性質が一番出ている個体だという考え方です。

というのが一応、僕なりの子犬の選び方ではあるのですが、聞いてみて「真ん中の子を見分ける？　ちょっと無理そう……」と思われたのではないでしょうか。

そのとおりです。プロでなければ、個体差を見極めて、最適な子を選ぶ……なんていうのは無理な相談です。

だからこそ、ブリーダーさん選びが大事なのです。プロの目で見て、「この子はAさんの家へ。こっちの子はBさんの家へ」というマッチングを判断するのが犬にとっても人間にとっても幸福につながります。

信頼できるブリーダーさんを見つけたら、その助言に従えばいいと思います。

本当に理想的なことを言えば、飼い主でもブリーダーでもない、僕らのような客観的な立場の人間が、まさに「ドッグライフプランナー」として、子犬を選ぶ段階から助言ができればいいとは常々思っています。

犬を迎えるところから看取るまで、ゆりかごから墓場までの人生・犬生設計をしたうえで、ブリーダーさんと連携しながら「あなたの家族には、こんな犬ではどうですか？」と提案をする場を作れるのがベストでしょう。

実際に多くの犬の生涯に伴走したことのあるドッグトレーナーだからできることがあると思うのです。

そのためには犬に対する考え方、犬を手に入れる方法についての常識が変わっていかないと難しいでしょうし、実現するのは先のことになるかもしれません。

DOG BREAK ―― 大谷翔平選手のデコピンくん

いまや誰もが知っている大リーガーのスーパースター大谷翔平選手。その愛犬「デコピン」も知らない人はいないほど有名です。

この犬の犬種は「コーイケルホンディエ」。16世紀頃からオランダ王室で飼われていた鴨猟用の猟犬です。読みにくい名前ですが、名前の由来は「コーヘン」という鴨の間仕切り罠から来ています。

陽気で活発、優雅なしっぽがあって、猟犬としては親しみやすい性格なので、オランダの貴族や富裕層を中心に愛好されていました。

しかし日本ではなじみが薄く、2022年の記録で155頭しか登録されていません。希少犬なので、情報不足・理解不足もあって非常に飼いにくいとされています。

特徴的なのは、もともと猟犬なので非常に利発で運動力もあります。僕の個人的な経験としては頑固者のような性格ではないかと思っています。猟に適しているということは絶対に好奇心旺盛で、いつも周囲を伺っていて、ぼーっとしていません。

だから、始球式でデコピンがボールを咥えキャッチャーのところにいる大谷選手めがけて走ってくるというのは、よほど訓練したのだろうと思います。普通は、数万人が歓声をあげているスタジアムの中にいたら、気が散って落ち着くはずがありません。

周囲の環境を見てあのパフォーマンスができるのは、一つの芸といえるでしょう。これは大谷選手が仕込んだのか、それともドッグトレーナーが仕込んだのか――じつはあの芸を仕込むのはそう難しいことではありません。「これをやったら得するよ」という原則に則って訓練すれば、もともと利発なので覚えるのは早いでしょう。

デコピンでコーイケルホンディエが知られるようになると、「自分もあの犬を飼いたい」という人がふえるかもしれませんが、テレビで見るよりは実際には大きいのです。体重は10～12キロぐらいあって、中型犬の大きいほうになるでしょう。

もし、「コーイケルホンディエを飼いたいのだけれど…」という相談があったら、僕は積極的にはおすすめしません。なぜなら、飼い方がまだよくわからないからです。僕も何度かトレーニングしたことがあるぐらいで、あまり詳しくないのです。でも、「コーイケルホンディオを飼うのはやめなさい」とは言いません。本書を読んで、よく考えてから決めてください。

Lesson 3

犬のしつけは最初が肝腎

一般家庭で普通に飼われる犬のしつけのゴールとして、「一緒にいて煩わしくないルール設定ができている犬」を目指してみたらどうでしょうか。

最低限の犬のしつけって?

ここからは、いよいよ犬を迎えて、どうやって幸せに暮らしていくか、主にしつけの観点からお話ししていきます。

犬のトレーニングの仕事をしていてよく聞かれるのが、

「犬のしつけって、どのくらい時間がかかるものなんですか?」

ということ。

僕の答えは「死ぬまで」です。

犬との付き合いは死ぬまで続きます。もしかしたら、死んでからも何かが残るのが犬と人との関係です。

ですから、しつけも3か月とか1年、あるいは2年といった期間で終わるようなものではないのです。人や犬のライフステージによって、必要なしつけも変わって

きます。

といっても、僕が言いたいのは「たくさんのしつけが必要です」「ずっとトレーニングをしていなくてはいけません」ということではありません。

僕は基本的に「犬のしつけなんか5個やっておけば十分」と考えています。

具体的に言うと、次の5つのしつけです。

❶歯を当ててこないこと。

❷トイレで排泄ができる、または散歩のときなど決まったルーティーンで排泄ができること。

❸吠えるのは犬だから当たり前、けれども**吠えっぱなしにはならないようにコントロールできること。**

❹リードをつけて人間をひっぱらないこと。これも時々は仕方ありません。でも、引っ張りっぱなし、ずっと引っ張っている子はまずいので、コントロールできるようにしましょう。ちなみに「引っ張りっぱなしになるので散歩に

行かない」という飼い主さんが時々いらっしゃいますが、犬にとって散歩＝ねぐらから出て狩りに行くくらいの感覚です。狩りに行かないと家の中で狩りをしようとして危ない。ちゃんと散歩には出られるようにしつけたほうがいい。

❺最後は理想というか「できれば最高」というレベルなんですが、**「ハウス」と言ったら指定の場所に帰ってくれること**。一緒に同じ空間で同居していて、こんなに楽なことはないです。犬を飼っている方なら納得していただけるでしょう。

僕がふだんから言っているのは、この5つだけです。

逆に、飼い主さんは「しつけって何をすればいいんですか？　何をやらなきゃいけないんですか？」「どこまでやればいいんですか？」という疑問をお持ちになることが多いですね。

考え方としては「何をやっておけば困らないか考えましょう」ということ。そう考えると、じつは今あげた5個でたいていは十分なのです。

そのうえでさらに、投げたものをとってこさせるとか、座らせるとかは飼い主さんがやりたければどうぞ、ということです。

おそらく、ほとんどの方が思っているよりも、実際に必要なしつけはシンプルだと感じられるのではないでしょうか。

「普通の犬でいいんです」――どんな犬？

犬の訓練士さんとかトレーナーさんといった職業の人は、つい「何かをできるようにしてあげないと、お金がもらえない」という思い込みをしがちです。

咬まない、歯を当ててこない子にするよりも、ついつい「芸」を仕込もうとしてしまったり。結果、せっかくトレーナーに依頼したのに、めちゃくちゃ咬むんだけどお座りは上手……みたいな犬が出来上がることもあります。

これも、トレーナーが悪いという単純な話ではないのです。飼い主さんが改善してほしい内容と訓練士・トレーナーが提供している内容が全然合っていない、ミスマッチが起きてしまっているということ。

それ以前に、そもそも飼い主さんがはっきりと改善点の希望を持っているかどうか、という問題もあります。

飼い主さんの要望でよく聞くのが「うちの犬はそんなにいい子にならなくていいんです。普通の犬で」。一見、まっとうな要望に思えます。「普通の犬、それでいい、十分だよね」と思うでしょう。

問題は「普通の犬」の定義がなかなかむずかしいということ。

飼い主さんが抱いている「普通の犬」像は人それぞれです。「お座り」と言ったら座るのが普通、「よし」と言ったらご飯を食べるのが普通だと思っている人もいれば、咬みつかれて血まみれになるのも普通の人もいるのです。

だから一歩考えを深めて、「普通に家の中で同居できる犬をとりあえず目指す」と考えると、かなり解像度が上がります。すると、さっきあげた5つのことができれば、だいたいOKだなとわかります。

あとは、それぞれのおうちの環境や事情にあわせてしつけの項目を加減していけば完璧です。

犬と乳幼児は一緒に暮らせるの？

昨今は、ネットの動画などを通じて、他人の家で飼われている犬を間接的に見る機会が増えました。そのせいで、「普通の犬」像も影響を受けている部分があるかもしれません。

たとえばYouTubeなどでよく見るのが、飼い主さんに赤ちゃんが生まれて、最初から新生児と仲良くできる犬。

あれを見ると一般の方が「犬ってそういうものなんだ」と思ってしまうのも無理はありません。

では、専門家としてたくさんの犬を見てきた僕はどう感じるかというと……正直なところ、僕は赤ちゃんと犬を一緒にしている動画を見て、恐怖しか覚えません。犬の認知として、杖をつきながらゆっくり歩くくらいのお年寄りと赤ん坊とは、おそらく人間だと思ってないだろうと僕は考えています。

普通に立ってすたすた歩く、そして言語を使っていると「ああ、こいつは人間だな」と判断する。言語を使う前の人間、まだ立てない人間である赤ちゃんは、犬から見たら人ではないのです。

ときどき犬が子どもを咬み殺してしまった、という痛ましいニュースが流れます。僕に言わせると、それは特別凶暴な犬が起こす事故ではなく、「普通の犬」が起こし得る事故です（いずれにしても、犬の扱いを誤った人間に責任があることは言うまでもありません）。

この先はイメージの話だと思って読んでください。

犬には『ドラゴンボール』のスカウター（相手の戦闘能力を測る装置）みたいなものがついていると僕は考えています。数値が低い相手は「こいつは自分より生命体として弱い」と判断する。犬に咬まれるのは小さい子どもが圧倒的に多い。次は高齢者。性別で言ったら男性より女性のほうが咬まれやすい。

それは、犬が「スカウター」で相手の力を測って、弱い相手を攻撃してしまうとイメージするとわかりやすいでしょう。

当然ながら、犬は人間の判断基準と違う基準を持っています。かかわる人間が犬からどう見えているかは、人間側が理解しておかないといけません。

お母さんが触って大丈夫だから、子どもが触っても大丈夫だ、という担保はないのです。

散歩中に「可愛いですね、触ってもいいですか？」っていう人がいても、気軽に触らせるのは危険だと心得ましょう（僕の場合、面倒なときは「うちの子、咬みますよ」と言って避けられるように仕向けることも……）。

「超サイヤ人現象」にご用心

「でも、スカウターがついてるわりには、ちっちゃいのにめちゃくちゃ好戦的な犬がたまにいますよね。自分よりずっと大きい犬に吠えかかったりして」

と思ったあなた、鋭い突っ込みです。

たしかにそういう小型犬はいます。なぜそうなってしまうのか、理由はいろいろあるんですが、飼い主がまず注意するべきなのが「超サイヤ人現象」です。

大きな犬と初めて出会った小型犬が、怖くて思わずギャンギャン吠えてしまったとします。こういう場合、小型犬の飼い主がやりがちなのが愛犬を抱き上げて「大丈夫よ」となだめてしまうこと。

抱き上げられると、小型犬はさっきまで見上げていた大型犬を見下ろす形になります。

生き物の世界では、原則としては背丈の高いほうが強いのです。抱き上げられた小型犬はちょっと気持ちが変わる。強くなったような気がするのです。

しかも、こういう場合は大型犬の飼い主が「ごめんなさい、怖がらせちゃったね」なんて言いながら犬を引っ張って離れていくものです。

結果、小型犬は何を学習するでしょうか。

「いやな奴が現れた」

「ギャンギャン吠えたら自分は大きくなって強くなった」

「いやな奴、逃げていった」

と学習してしまう。いわば、髪が金色になって、いつもの何倍も強くなる超サイヤ人体験をしてしまうわけです。

小型犬の飼い主さんが「うちの子、他の犬とすれ違うときにずっと吠えてるんです」と相談にいらっしゃることはよくあります。原因は飼い主さんの行動、他の犬とすれ違ったときに思わず抱き上げてしまったこと。それによって起きた「超サイヤ人現象」です。そんなケースは少なくありません。

保護犬のほとんどは「not for under teenager」

いかがでしょうか。だんだん犬の感じ方、考え方が理解できてきたのではないでしょうか。

犬と小さな子を安易に一緒にしてはまずい理由もおわかりいただけたかと思います。

一方で、犬は子どもも群れの一員だということはわかっています。

自分とのパワーバランスをスカウターで判断すると、圧倒的に相手が劣位。そう判断したときに、犬は庇護者的な感覚になりうる。ただ、小さい子どもを人間だと認識しているというのとは違います。そこは人間が勝手な期待や信頼をしてはいけないということです。

それと関連して紹介しておきたいのが、イギリスでの里親紹介のシステムです。それは日本とはずいぶん違っています。

里親希望者が「この犬がいいです」と選べるようなシステムは一般的ではありません。保護団体が里親希望者から家族構成、収入、生活環境、犬に使える時間、といった要素をヒアリングして、保護している犬のリストと照らし合わせる。そのうえで「この家なら、この犬がいいだろう」と選んだ犬を渡すのが普通です。他の犬は見せることさえありません。

イギリスでとある保護団体の犬舎を見せてもらったことがあります。犬舎には保護犬それぞれの体格や犬種、性質などを書いた「諸元表」のようなものが貼ってあります。前述のように、こうしたデータをもとに里親とマッチングするわけです。見ていると、9割方の犬は「not for under teenager」と書いてありました。つまり、ティーンエイジャー（13~19歳）に満たない子どもとの生活には向かないよ、という判断です。

この犬は小さな子を従うべき人間とは認知しないから、一緒に生活してはいけない、と専門家が判断しているわけです。

動画などで犬と人間の子どもがきょうだいのように育っている様子を見ると微笑ましいと感じるでしょう。「いいなあ」と憧れる気持ちはわかります。

けれどもそれは、ちょっと僕には理解できない飼い方であると言わざるを得ません。小さい子と犬がとても仲良く暮らしている動画を見ても「すごい。ラッキーだな」「奇跡だな」としか思わないのです。

僕のような立場の人間が言うのもおかしなものですが、みなさん、どうしてそこまで犬を信頼できるんだろう、と思ってしまいます。

うちのスタッフとも話すのですが、そこらへんは一般の人たちの感覚のほうが怖い。「犬は獣なんだ」という感覚が乏しいのだと思います。

もちろん、「うちでは仲良くやっているし、大丈夫だよ」とおっしゃる飼い主のほうが多いことは理解しています。

実際、犬と子どもが仲良くできている事例のほうが圧倒的に多く、事故になることはめったにない。だからこそ、犬を飼いたがる人は多い。それはわかります。

とはいえ、プロである我々はリスクから目をそらすわけにはいきません。子どもが犬に咬まれることは、数が少ないからといって許容できるようなリスクではない。「どうしても子どもを動物と一緒に育てたいなら、インコだっていいじゃないですか？」と思うわけです。

犬のしつけは自宅でやらないと意味がない？

僕が運営しているドッグライフプランナーズでは、トレーニングに通っていただくやり方だけではなくて、飼い主さんから犬を預かってしつけをすることもあります。

犬の訓練のやり方、考え方はいろいろあります。

そもそもの考え方として、僕は犬の問題行動には環境の要素が大きいと思っています。要は、ふだん暮らしている環境の中に何か問題行動の原因がある、ということ。

「だから、トレーニングやしつけは家で飼い主がやらないと意味がない」というトレーナーさんもいます。どんなにしつけをしたって、いつもの環境でできなければ意味がないじゃないか、と。

もちろん、それも一つの正しい考え方ではあります。

僕の考え方はちょっと違っていて、環境要素が大きいからこそ、いつもの環境から引き離してゼロベースで出てくる行動や反応、いわばその犬の「素」の状態を見てみたい。ニュートラルの状態がわかったほうが、犬のトレーニングはやりやすいという考え方です。

ただ、このやり方をすると大変面倒なことになります。

犬を預かってふだんの環境から引き離すということは、預かった犬の管理をしなくてはいけない。責任重大です。だから多くのトレーナーさんは預かり訓練をやりたがらないという事情もあります。

そんなやり方をしているものですから、うちのスクールには創業当時から今に至るまで、ほぼ常時24時間、お預かりしている犬がいます。どうせいつも犬がいるなら、ということで、ペットホテルや日中の犬の保育園にも事業を拡げているわけです。

犬の保育園ってどんなもの？

犬の保育園とはどんなものか、イメージしにくい方もいるでしょう。「毎朝ワンちゃんが登園してくるの？」と聞かれたりします。

じつはそのとおりで、毎朝飼い主さんが預けにいらっしゃいます。朝早くから通勤される方の場合は、早朝から連れてきてもらうこともできます。

長年やっていると、常連さんとは信頼関係ができます。そんなお客さんからはお家の鍵を預かるパターンもあります。

出勤するときに玄関に置いたキャリーに犬を入れておいてもらって、迎えにいって鍵を開けて連れてくる。帰りは帰りで、飼い主さんが19時くらいに帰ってくるとしたら「うちの子、2時間くらいなら留守番ができるから17時くらいに家に返しておいてください」といった感じです。

犬のいる生活に全体としてかかわっていきたい、その中で幅広いお手伝いをしたいと考えているドッグライフプランナーズらしいやり方と言えるかもしれません。

犬の保育園に預ける飼い主さんの目的は、一つにはもちろん教育、しつけをすること。もう一つ、我々にとって大事な役割、犬をしっかり疲れさせることです。いい子で飼い主さんの帰りを待てる子であっても、昼間ずっとおうちで寝ているとどうなるか。夜、飼い主さんが疲れ切って帰ってくると、犬はめちゃくちゃ元気でお出迎えすることになります。

これでは飼い主さんの体力がもちません。だから、昼間に遊ばせて、適度に消耗させておくことも含めて、僕らが管理しているわけです。

とにかく、犬を飼うには手間がかかるし、労力を使います。犬に割ける労力がなければ、お金を使って僕らのようなプロのサポートを受ける必要がある、ということです。

犬をグルメにすると後が大変？

今はドッグフードの種類もたくさんありますし、中には手製のご飯を与える飼い主さんもいます。

犬の飼い方の最も基本的な要素の一つとして、フードの選び方、あげ方で気をつけることについても触れておきましょう。

基本的に犬は同じものを食べ続ける生き物であるはずです。

もともと犬の先祖はハンティングをして生きていました。ある地域に生息している野生動物はだいたい決まっていますから、獲物となりうる動物もだいたい同じ。なおかつ、同じものを食べている限りは毒物ではないから安全。だから同じものを食べ続けるのが犬の本能としては正しい……と言われてはいます。

間違ってはいないのですが、幸か不幸か、犬も人間と同じように発達した味覚を

いる。

持ってしまいました。簡単に言えば、脂と甘いものはうまいと感じる機能がついている。

犬も人間と同じで雑食の生き物です。詳しく言うと、肉食から雑食に進化した食肉目という生き物です。雑食である以上は、脂と糖が美味しく感じてしまうのは仕方がない。

ですから、ふだんから糖度が高いものや脂質の多いものに慣れてしまうと、本来必要な栄養素が入ったドッグフードを食べないということが起こる。美味しくないからです（鶏のササミと野菜しか食べないダイエットをしたことがある方なら気持ちがわかるでしょう）。

要するに、犬は舌が肥えてしまって、ご飯の選り好みをするようになるわけで、これは困ります。

犬がフードを食べなくなってもほうっておけばいい

ちなみに、「犬がエサを食べない？　食べるまでほうっとけばいい」と思える飼い主さんだったら、じつは問題はありません。

冷たいようですが、犬は7日くらいなら食べなくても死にません。水さえ飲んでいれば元気にしています。しかも、どんなに気に食わないフードでも、3日間絶食ハンガーストライキを続けられる犬はまず、いません(僕は見たことがありません)。「ほうっとけばいい」は正しいのです。

でも、実際は犬がちょっとでも食べないと、飼い主さんはみんな悩みます。「ご飯食べてないじゃない」「なんか痩せてきたような気がする」「病気なんじゃ？・」と。犬は「うまそうじゃないから食わない」だけなんですけどね。

つまり、問題は何かというと、犬が食べないことで人間のほうがストレスとプレッシャーを感じてしまうこと。これが一番の問題点です。

心配した飼い主さんはなんとか食べさせようと思って手を変え品を変え、違うものを与えます。「ああ、こっちなら食べる」と安心する。しばらくするとまた食べなくなって手を変え品を変え……と繰り返していくうちに、最終的に犬は「食べたいものが出てくるまで食べない」という態度になってしまうのです。

というわけで、フードのあげ方としては、原則的には「これを出したらとりあえず食べる」という習慣を最初からつけるようにするのがいいでしょう。

もう一つ、これは子犬期について特に言えることですが、軟便になったり下痢をしたり、同じものを食べ続けていて便の状態がおかしくなったら、おそらく食べ物以外の要素が原因だとわかります。考えられる原因の範囲を狭められるわけです。

いろいろなものを食べさせてしまうと、どれが悪かったのかわからない。「とりあえず様子を見ましょう」ということになって、手当てが遅れるというパターンが多いのです。特に子犬期は同じものを食べさせて、同じ状態の便が出るかを観察することが大事です。

犬に手作りのご飯を食べさせたい方もいると思います。楽しみとして時々ならいいかもしれません。必要な栄養素がバランスよく含まれた食事を毎日作るのは人間用でも大変です。犬用となると、より難しい。だから手作りは現実的ではないと思います。

ドッグトレーナー式「おやつの上手な選び方」

楽しみといえば、おやつにも犬が喜ぶ製品がたくさんあります。そもそもおやつをあげるのはいいことなの？　という疑問をお持ちの方も多いと思います。

おやつをあげること自体は問題ありません。僕はトレーニングでおやつを使います。

犬にとって、「座れ」と言われてお座りできることは当たり前ではありません。当たり前ではないことができたのだから、そのぶん評価を上乗せして褒めてやる。

そこで嗜好性の高いおやつを与えるのはいいことだと考えています。

ただし、問題は量です。あげすぎはよくありません。おやつの量は、最大でも1日に必要なカロリーの2割までにとどめましょう。もちろん、その分「主食」は減らしてください。

おやつのあげ方にも、当然うまい下手があります。

どうやら犬は、大きいものを1個もらうよりも、小さいものを複数回もらうほうが満足度が高いようです。同じ量なら一度にではなく何回にも分けてあげましょう。

これはおやつの選び方にもつながる話です。

僕がトレーニングに使うおやつは自分で大きさを調整しやすいタイプのもの。たとえば、ささみジャーキーです。自分で割いて簡単にサイズ調整ができるからです。

これがボーロのようなタイプだと、割ろうとすると粉々になってしまうので使いにくいのです。

「5%の理論」で期待値をコントロールする

トレーニングの際のおやつの使い方ですが、目標はあくまでもおやつなしでもできるようになること。これは当然ですが、重要なことです。

「うちの子、おやつを手に持ってたら言うことを聞くけど、持ってないと無視するんですよ」では困ります。

そうかと思えば「うちの子、それできますよ。ジャーキーを持ってれば」と自慢げにおっしゃる飼い主さんもいますが、それは残念ながらできるとは言いません。駆け引きされているだけですね。

では、トレーニングでおやつを使いつつ「おやつ供給機」にはならないように気をつけるためにはどうしたらいいのか。それには「期待値のコントロール」を行うことが必要になります。

動物の脳には、好ましい出来事はランダムに起きるほうがより好ましく感じるという性質があります。パチンコはときどき大当たりするからうれしい、ということですね（続くともっとうれしいですが）。

長年、犬のトレーニングをしてきて経験的に感じていることは「5%の理論」です。20回に1回ぐらいラッキーなことが起きるようにしてやると、犬の脳は最も喜んで、学習の進み方は非常に早くなります。

そこで、最初はお座りできたら「お利口さん、はい」とおやつをあげる。最初のうちはできるたびに毎回あげる。それをだんだん2回に1回、5回に1回、10回に1回……とあげる頻度を下げていって、最終的にご褒美のおやつは20回に1回くらいになるようにしていくわけです。

20回に1回になれば、少し大きめに割いたささみジャーキーをあげてもいいか……といった微調整もします。

訓練としつけは違う

これまでの解説の中で、「訓練」と「しつけ」という言葉が出てきました。その違いが気になる方もいらっしゃると思います。

ドッグトレーニングにはいろいろな種類があります。アジリティという犬の競技のトレーニングもあるし、警察犬や盲導犬といった仕事をする犬の訓練もある。これらはいわば、特別なことをやらせるための訓練です。

僕がやっているのは、基本的には問題行動を解消して、つつがなく家庭で生活してもらうためのトレーニングです。

僕がやっているようなトレーニングがある意味、一番特徴がないと言えるかもしれません。「これをやったら、これができるようになりますよ」ではなくて、あくまでも問題を解決すること、何も起きない状態にすることが目的です。

もう一つ大きな違いがあって、使役犬は基本的に諦めが悪くなるように作り上げていきます。仕事をさせなければいけないので、集中力が持続しないといけない。簡単に追跡を諦めてしまう警察犬では役に立たないわけです。

これに対して、家庭犬には仕事はありません。家庭犬の仕事があるとしたら、吠えるか壊すか飛ぶかひっかくぐらい。集中力高く、しつこくやられたら困ることばかりです。とっとと諦めてくれるほうがありがたいわけです。

つまり、同じ犬でありながら、使役犬と家庭犬では要求されるものがそもそも違う。正反対と言ってもいいでしょう。

とはいえ、正直、使役犬の訓練だけで食っていける訓練士さんはなかなかいません。家庭犬の訓練もやらないと生活できない。両方にクロスオーバーで仕事をすることになるわけですが、根本が矛盾しているからうまくいかないことはよくあります。

「警察犬をたくさん育てていて表彰もたくさんされている訓練士さんに頼んだのに、うちの子の問題は解決しなかった」

みたいなことが起きるわけです。これまた、ミスマッチの問題です。

「しつけ」ができている犬は少ない

さて、訓練としつけの定義についてですが、「伏せ」と言ったらずっと伏せている犬は、僕の定義では「訓練」ができている犬です。要は、言ったことをやってくれるということ。

一方、「しつけ」ができている犬というのは、人間と共生するうえでのルールを守れる犬です。

たとえば僕がここでお客さんと話をしている。犬は近づいてくるけれど、僕とお客さんの話を邪魔したりせずに、そばでこっちを見ながら大人しくしている。こんなふうに「今はこう振る舞うべきだ」と判断できるのが、「しつけ」のできている犬です。

人間の側の話をすると、犬を「訓練」できる人はそこそこいます。「座れ」と言ったら座れるようになりました、呼んだら来るようになりました、といった話です。そのためのノウハウも豊富にあります。

でも、共生していくためのルール設定、「しつけ」にまで落とし込めているトレーナー、訓練士は少ないです。

警察犬など使役犬の訓練を専門としている人は、指示に従って動くように訓練するのは得意なだけに、ルール設定はうまくないことが多いのです。優劣の問題ではなくて、前述の目的の違いです。

仕事をさせるのと一緒に生活していくのでは目的が違うし、トレーニングの質も違う。だから、自分の犬には何が必要なのかは、飼い主さんが判断して選択する必要があります。

ここまで話したことからすれば当然ですが、**使役犬としては優秀な犬が、一緒に暮らしやすい犬ではない**ということはざらにあります。

警察犬を自分の家に連れてきて室内で一緒に生活しなさいと言われたら、かなり大変だと思います。

警察犬は行方不明の人を捜索したりします。並外れたエネルギーがあって、集中力が途切れない犬にしかできないことです。そういう犬が家の中にいたらこちらがヘトヘトになります。

多くの場合、警察犬は犬舎で飼われています。警察の犬舎であったり、嘱託されている訓練所の犬舎だったりです。

でも、中には家庭で飼われている犬が必要なときだけ呼ばれて警察犬として働くこともある。そういう犬はたいていい飼い主さんが扱いきれていません。ふだんは引きずられるようにして散歩していたりするのです。

でも、その犬はたしかに警察犬としては優秀で、飼い主さんにとっては自慢の愛犬でもあるのです。

そういう例も中にはありますが、一般家庭で普通に飼われる犬のしつけのゴールとしては**「一緒にいて煩わしくないルール設定ができている犬」**を目指したらどうでしょう、というのが僕からの提案です。

しつけは家族の誰がすべきか

しつけは家族の中で誰がするべきでしょうか。

群れの中で「自分より優位だ」と犬がみなしている人がするべきです。犬の受け入れ方がまるで違います。諦め方が違う、と言ったらいいかもしれません。「こいつが言うなら仕方ない」と犬が諦めるかどうかは相手との優位性によります。だからお父さんとお子さんで同じ指示を出しても通り方が違うわけです。

犬から見ると、ちゃんとコントロールできる人とトレーニングをするほうがうまくいく＝ご褒美をもらえる率が高い、ということもなります。だから犬にとっても優位の立場の人とトレーニングするほうがじつは嬉しい。喜んで取り組むから進歩のスピードが違ってきます。

同じ時間・手間をかけても、犬との関係性によって結果の出方にはずいぶん差がつくわけです。

というわけで、多くの家庭ではお父さん・お母さんということになると思いますが、**優位にある大人のほうがしっかりと取り組まないとしつけは難しい。**

犬好きなお子さんが張り切って大きな声で指示を出すので、犬も乗せられてしまってうまくいく……みたいな幸運な例外もありますが、原則的には大人がコントロールできないものは子どもにコントロールさせるのは無理と考えておいたほうがいいでしょう。

例外といえば、小さい子にリードを引かれて、大型犬がいい子に歩いている光景を見かけることがあります。

この手の「賢いワンちゃん」には二とおりあって、一つはしつけがしっかりなされていて、小さい子を含めた人間との付き合い方をわきまえている場合。

もう一つは、前にもちょっとお話したように、犬が庇護者的なポジションになっている場合。相手がよちよち歩きの子どもだったりすると、自分のほうが体力も知恵も圧倒的に上だと犬もわかります。だから「庇護しなきゃいけない相手」と見て気を遣う場合もあるのです。

犬は「得すること」に敏感である

ただ、どの程度、気を遣えるかは個体差があります。だから「ゴールデンって小さい子に優しいのね。うちにもほしい」と思ってゴールデンを飼うと全然違うタイプが来る、みたいなことはよくあります。

いずれにしても、犬の成熟度や家族との関係性が高まっていけば、犬はいろいろな感情を持つようになることは確かです。

ただ、基本的には犬は何が得かに反応します。損得ではありません。犬はあまり損を意識しないのです。損することに敏感であってくれれば、叱ることに効果があるのですが。

犬はただただ、「どうしたら得するか」に敏感なのです。

だから先ほどお伝えしたように、できたことを評価してあげるというやり方が一番、しつけの浸透率が高いわけです。

評価の道具としてはおやつが一番使いやすいですが、それだけでもありません。

犬は一言で言うと、**暇が毛皮を着ているような生き物**です。

暇だから、とにかくかまってほしい。

飼い主と目があっただけでハッピーという犬もいますし、撫でられるのがハッピーな犬もいる。声をかけられたほうがハッピーなのもいる。おやつと同じくらい、それが嬉しいわけです。

何がご褒美になるかは環境とか関係性によってもちょっと違います。

ただ、いずれにしても暇なので、とにかくかまってほしい。それだけはどの犬も共通です。犬の目的は常に人間にかまわせること。だから犬は時間泥棒でもあります。

咬まれる人がしていること

犬は損は気にしないので、叱るとか叩くとかでは効果がありません。
正確に言うと、それが効く犬もいないわけではありません。ただ、割合的にそれほど高くない。また、仮に効いたとしても、副作用があまりにも大きすぎるから使いたくないのです。

特に**叩くということは、人間の手を嫌なものだと学習させること。**別の機会に撫でようとして手を出しても、犬からすれば「嫌なものを出してきた」と感じるわけです。そのときに犬が強い恐怖を感じたら？　追い込まれた動物は向かってきます。
ですから、愛犬に咬まれてしまった飼い主さんに話を聞くと、ふだん叩いているケースが多いのです。

僕の場合は犬の問題行動を直すという仕事柄、ずいぶん犬に咬まれてきました。

咬まれる恐怖はできれば味わわないほうがいいです。

ある程度咬まれていると、咬まれた瞬間に傷の深さがわかります。深いときはブチッという音がして、痛くない。しびれているだけです。完全に組織が破断されると痛くないものなのです。

「あ～、これは深いな。全治二か月くらいだ」などと瞬時に判断できてしまったりします。

それでも、僕は咬まれていないほうだと思います。トレーナーや訓練士の中でも、力で抑え込む、威圧して従わせるというスタイルの人は、僕よりもっと咬まれているでしょう。

今は野良犬もいませんし、犬に咬まれる経験はなかなかないと思います。

僕がドッグトレーナーを養成する専門学校に教えに行ったときには、学校側から「くれぐれも学生が犬に咬まれないようにしてくれ」と言われました。そんなわけで、咬むような犬は授業で扱わせることができません。専門家の養成機関でもそんな状態なのです。

だから、うちの会社に入って初めて犬に咬まれて、「犬が好きかどうかわからなくなった」と言い残して辞めていった人はけっこういます。

犬はあくまでも獣である

子どもの頃、幸福な犬との出会いがあった人こそ、ショックは大きいのでしょう。

結局、向き合っている犬の中に獣の部分を見るかどうか、の問題だと僕は考えています。言い方は難しいのですが、僕は犬はあくまでも獣だと思っています。

以前、僕は「犬は信用するけど信頼していない」とよく言っていました。

こちらがうまくコントロールしている限りはいい奴。でも「大丈夫だろう」とか「ここまでは行けるだろう」と思った途端に裏切る。**「用」いているうちはいいけれど、「頼」ったらいけない**、という考え方です。

それがここ10年くらい変化してきて、さまざまな犬や人との関係を見る中で「自分の見立てを信頼できれば、犬を信頼してもいいのかな」と思うことがあります。

そんな話を人にすると、「長年犬と付き合ってきた専門家でも、犬をどの程度信頼していいかについてはまだまだ揺れているんですね」と言われます。

そのとおりです。それだけ難しい問題だということです。

だからこそ、「うちの犬を信頼しているので」と言い切れる飼い主さんを見ると「は？」と思ってしまうのです。「でも、獣ですよ」と言いたくなるわけです。

飼い主のコーチが必要

そのことをふまえたうえで、犬を威圧したり叩いたりすることなく、それでもちゃんと一目を置かれる飼い主になるためには何が必要か。

本音を言えば、初めて犬を飼う人は、ずっと誰かに伴走してもらうのが理想です。

サポートしてくれる「飼い主のコーチ」がいれば一番いい。

別の言い方をすると、飼い主と犬との関係を客観的に見てくれる人がいると助けになります。

それはもしかしたら、僕らのような専門家じゃなくてもいいのかもしれません。第三者の立場から、客観的に見られることが大事だからです。

だから僕の教室では、相談や講習には「できればご家族そろって来てください」とお願いします。

犬とお父さんの関係は、お母さんが客観的に見られる。犬とお母さんとの関係はお父さんが客観的に見られる。お子さんはお子さんで、ご両親と犬との関係を客観的に見られる。そういうふうに家族が犬との関係を互いに見られる、そしてしっかりコミュニケーションができる家庭では、ちゃんと犬が養育できていることが多いと実感しています。

そんなこともあって僕は、ドッグトレーナーの技術は決して特殊な技能ではない、とも思っています。

犬と人との関係を客観的に見られる別の人が、常に「群れ」の中にいれば、僕らの仕事は必要なくなるのかもしれません。

一人暮らしの人は犬を飼うのに向いていない？

だとすると、心配になるのは「一人暮らしの人は犬を飼うのには向いていないのか？」ということでしょう。

言いにくいことですが、そのとおりです。基本的には向いていない、と僕は考えています。

もちろん、それは「絶対に無理だ」という意味ではありません。一人暮らしで犬を飼うなら、最初から僕らのようなプロをうまく使ってもらって、導入から円滑に行くようにすることを強くおすすめします。

どういう犬をチョイスするかも、とても大事です。一人でも飼いやすいタイプの犬もいれば、そうではない犬もいます。犬を選ぶ段階から、できればプロに相談するほうがいいでしょう。

繰り返しますが、「一人暮らしでは犬を飼えない、飼うな」とは言いません。ただ、**自分一人で、犬と1対1でやっていけるとは絶対に思わないこと**です。

お互いの依存度が異常に上がるので、距離を取れない関係になってしまいます。特に、初めて犬を飼う人はある意味365日24時間、向こう15年間、その犬に時間を取られることを理解できていません。

犬を一人で飼うときの一番の難しさは、どう距離をとるかです。**犬を飼うということは、ストーカーと同居するようなもの。**ストーカーと適度に距離を置いて、適度に気を抜ける関係を築くのは一人では無理です。

だから我々のようなサービスを利用してほしい。それも「困ったら頼もう」ではなく、最初から仕組みとして取り入れてほしい。だからこそ犬を飼う前の準備段階から相談してもらえたらと思います。

社会全体がもうちょっと犬に寛容だったら、どこへ行くのも犬と一緒、というやり方もありでしょう。

電車に乗ってもお店に入っても、出張先でも犬と一緒……が可能な社会ではないわけですから、やむを得ない用事があったら離れられるように練習しておく必要があります。いざ泊りがけの出張となったとき、お留守番ができない、どこにも預けられないでは困りますから。

我々のような業者でなくても、近所に親戚のおばちゃんがいて預かってくれるとか、泊りがけで世話をしにきてくれる友達がいるとかでもいいでしょう。

そういうサポーターも、犬を迎えた直後から同じ時間を過ごして、信頼できる相手だと犬に知らせておく必要があります。

そのうえで、最後にもう一つだけアドバイスするとしたら、一人暮らしなら絶対、猫の方がいいと思います。猫は勝手に人間と距離をとってくれるので、一人で飼っても特に大きな問題は起きません。

一番難しいのは、なかったことにすること

犬のトレーニングで特に難しいことは何か。

それは、「なかったこと」にすること。1回学習したことを打ち消すのが一番難しい。

たとえば、犬がゴミ箱を見つけてあさったとします。それ以降、ゴミ箱を見つけるたびにあさろうとし続けるのが普通です。

1回やったことを「なかったこと」にするのは難しい。だから1回目をやらせない、学習させないことがしつけにおいては大事。特に子犬を飼う人に意識してほしいことです。

よくある例では、

「うちの犬は散歩に行ったらずっと下向いて匂いを嗅いでるんです。これってや

めさせたほうがいいんですか？　それともやらせてあげたほうがいいんですか？」といった質問を飼い主さんから受けることがあります。

今やらせているということは、犬は「やってもいいこと」だと学習しています。学習はもう終わっている。それを打ち消すのはけっこう大変だと思ってください。

そもそも、なぜ嗅ぐようになったのか。飼い主さんからは「犬には匂いを嗅ぐという本能があると聞いたから、やらせてあげたほうがストレスにならないんじゃないかと思って」といった返事が返ってきます。

けれども、**これまでやらせていたことを「今日からダメよ」と言ってやめさせるほうがストレスになる**でしょう。

犬は変化に弱い生き物です。今までやってきたことを禁じられるのは苦痛です。だから、最初からどうするかを決めて、変えない・維持するようにするのが犬にとって一番いい。

子犬は生後15週以上、基礎トレーニングをしてから飼う

ペットショップでは子犬のほうが「かわいい」と思ってもらいやすいから、なるべく小さいうちに売ろうとします。

これはこれで問題なのですが、「なかったこと」にするのが難しいという点から見れば、「子犬から飼う＝まだ学習していることが少ない」ですから、トレーニングがやりやすい部分もあるということは確かです。

ただ、一歩間違うと、小さいときに間違ったことを学習させてしまうことにもなりやすい。今は8週齢、生後60日前後で飼い主に渡すショップが多いようです。

子犬の基本的なトレーニングには本来もうちょっと期間が必要です。本当なら12週から15週ぐらいまでは親犬の元において、その間に他の犬や人間とのやり取りや社会性をトレーニングしてから渡すべきです。

幼少期をどうプランニングするかで、その後の付き合いやすさとか問題行動が出る確率が変わってくる。そこを理解してほしいのですが、今の売り方の仕組みではそこまで手が回りません。

基本的なトレーニングをしてから飼い主に渡そうとすると、当然コストもかかります。

ショップとしては5万円で仕入れた犬を50万円で売るとして、その間の費用はできるだけ抑えたいのは当然ですから、なかなか「ちゃんとトレーニングをしてから売ろう」という流れにはならないでしょう。

レッスン2で述べたような**良いブリーダーさんは、当然ながらしっかりと幼少期の基礎トレーニングを経たうえで飼い主に子犬を渡す**ようにしています。

もしくは、うちのようなトレーニング施設だと、お客さんから「犬がほしいです」というお話があったときには、お付き合いのあるブリーダーさんたちに希望犬種の繁殖予定がないか問い合わせます。

すると、「どこどこでいつ生まれるよ」とか、「今、生後40日のがここにいるよ」

といった情報が入ってくる。ブリーダーさんのところに見に行って、この犬なら大丈夫、と見極めたら引き取ってきて、2か月、3か月と養育をしたうえで飼い主さんに渡す、というやり方をすることもあります。

実際、こう書いてみると手間がかかる、それに応じたコストもかかるのをご理解いただけるでしょう。

じつは、まともなやり方を貫いて飼い主さんに犬を譲るとすると、その値段は数十万円くらいで済むようなものではないのです。またしても流通、販売の問題に話がつながってしまいました。

その無駄吠え、本当に無駄？

愛犬の無駄吠えで困っている飼い主さんは多いものです。これなどは、まさに「学習してしまったことをやめさせる」ケースなわけですが、どんな対策が必要なのかを見ていきましょう。

第一に、「無駄吠え」と言いますが、犬は無駄じゃないと思うからこそ吠えているることを理解しましょう。

人間が無駄だと思うことの大半は、犬にとって無駄ではありません。犬だって本当に無駄だと思えばやらないはず。この考え方が解決の糸口です。

基本的に犬は自分のほうに注目を向けたり、要求したりするために吠えています。とにかく彼らは暇だというお話はすでにしました。暇だから何かしたい。何かしようという要求を出すか、寝ているかぐらいしかすることがないのです。

犬は本来は、1日の3分の2、16時間は寝ていますから、起きている8時間は何かをしたい。かまってほしい。そんなとき、周りを見て人間がいたらワンと言う。「吠えればこっちを向くかな」と思っているわけです。

これをやめさせるにはどうすればいいか。「諦める心」を植え付けていくしかありません。

具体的なノウハウとしてはボディコントロールと呼ばれる方法があります。こちらが要求した姿勢で、こちらが決めた時間だけ、体のどの部分であっても大人しく触らせられるように慣らしていくものです（QRコード参照）。犬はもちろんじっとしていたくない。動きます。動いたら止めて、元の姿勢に戻してやり直し。

ボディコントロール

　こうすると、犬は自分の意思を止められることを経験します。それは犬にとって嫌なことです。とはいえ、飼い主がずっと触ってくれているし、あったかいし、なによりかまってもらえている状態だから必ずしも悪い状態ではありません。だからがんばれるわけです。

　この状態に慣らしていくことで「こちらの意思に沿って、あなたをコントロールします。我々はそういう関係ですよ」ということを理解させていくわけです。

　ちなみに、このトレーニングが得意なのは言うまでもなく、もともと資質的に諦めがいい犬です。

　一方、人間のほうが諦めが悪く、根気強くトレーニングに取り組めなくてはいけない。**諦めのいい犬と、諦めの悪い人間のコンビが一番うまくトレーニングを進め**

られるのです。

トレーニングでどんな犬でも変えられる？

トレーニングのやり方を指導していると、「どんな問題のある子でも、トレーニング次第で変わるものですか？」と質問されることがあります。

正直に言うと、**トレーニングではどうにもならないことも**ままあります。**先天的な要素は変えられない**からです。

トレーニングを始める時期については、僕は「基本的に何歳でも大丈夫」と言っています。もちろん、15歳ぐらいの高齢になってくると、体力的・機能的にできないことが出てくるのは当然です。

一般的に老犬といわれる年齢には達してない、7歳とか8歳くらいだったら十分に変えられるし、トレーニングの意味があるのです。時期的にもうどうにもならない、という例は少ないわけです。

重要なのは、問題行動の質です。

攻撃性や狩猟本能が芽生えてしまって、人を咬んで血まみれにしてしまうような犬は、言ってみれば完全に本能のスイッチが入ってしまっている状態。こうしたケースで咬む確率をゼロにするのは年齢を問わず不可能だと申し上げています（咬む確率を減らすことはできますが）。

練度の高いブリーダーは犬の素質がわかる

深刻な問題行動を起こしてしまう犬の場合、幼少期の育て方の影響はもちろんありますが、なんといっても一番影響しているのは遺伝です。

生き物ですから親に気質は似るし、姿形も似るのが当然です。だから「この血筋とこの血筋を掛け合わせしたらこういう疾患が出るから、絶対それやっちゃまずい」

といったことが、練度の高いブリーダーにはわかっています。

一方、ペットショップにいわば囲い込まれて下請けみたいになってしまっているブリーダー、繁殖業者は、とにかく「言われた数を作りゃいい」という発想になっています。

結果、どうなるか。生後2か月、3か月といった子犬でも、明らかに「これはやばいな」とわかる犬が最近、目につきます。

たとえば、生後3か月のトイプードルのケースでは、手に咬みついて離れない。手を上げると、そのままぶら下がっている。咬まれた人は指先の神経がだめになってしまいました。僕の経験では、昔はありえなかったケースです。

シリアスブリーダーと言われる真っ当なブリーダーたちは、自分のところでお譲りした犬の生育状況をずっと追っているのが普通です。

飼い主さんを集めてオフ会を開催するなどして、犬の生育の様子を必ずトレースしています。もしも問題のある交配をしてしまったとすればすぐにわかるし、フィードバックがかかるようになっているわけです。

一方、ペットショップが売った犬のその後をトレーシングすることはありえません。交配で問題が起きても気づかないままです。

前述のトイプードルのようなケースでは、僕ははっきり「これはやばいですよ」と言います。「なんとかしたほうがいいですよ」とアドバイスします。

ただ、自分に対してそういう面が出ないと、気にしない飼い主は多いものです。「私には咬まないし」なんて言って、対策をとろうとしない。それは飼い主さんがそこまで犬を追い込む場面がないだけで、どうしても犬をコントロールしなければいけない場面になれば、咬まれるのは間違いないのです。

あるいは、初めて飼う犬だから、おかしな行動をしていても「犬ってこういうもんなんだ」と思ってしまうケースもよくあります。

あえて言う、トレーニングより決定的なこと

トレーニングの専門家である僕がこんなことを言うのは意外に思われるかもしれませんが、**本当は血筋や素性のほうがトレーニングよりも大事**です。

僕らがどんなに技術を使ってしつけをしても、犬が人を傷つける確率がゼロにはなりません。

人間でも幼少期の虐待が性格や行動に影響するように、犬も幼少期の育てられ方がその後に影響するのは当然です。経験によって、問題行動をするようになってしまうパターンです。

でも、基本的には経験よりも先天的な要素のほうがはるかに影響が大きい。

わかりやすい例が、音に過敏な犬。近所の小学校で運動会をやっていて、ドンとピストルの大きな音がしたときにびっくりして混乱してしまう犬と、平気な犬がい

ます。これは多くの場合、生まれつきの反応の違いです。

盲導犬が街中を歩いているとき、工事現場で大きな音がしたくらいでびっくりしていては困ります。だから盲導犬に育てるなら大きな音が平気な犬を選ばなくてはいけない。

訓練に出されることが多いラブラドールリトリーバーとかゴールデンリトリーバーといった犬種は、その種のストレスへの耐性が強いという前提で選ばれていきます。

それでも、個体によっては訓練をさせてみるとどうしても工事現場の近くで固まってしまう、といった場合もあります。

盲導犬のような仕事をする犬なら「この子は無理だね」とわかったらリジェクトして、その後は里親に出されて、家庭犬として可愛がられるという道があります。

一方、家庭犬として生まれつきの要素で「不適格」とわかった子は、リジェクトできません。家庭犬として不適格な子はリジェクトされたら行くところがない。それが大きな問題です。

そうならないためには、ブリーダーが繁殖した犬を生涯見届けてデータを蓄積する。そのうえで繁殖をしっかりコントロールする必要があるわけです。実態としてはその真逆の繁殖が横行しているのが問題なのです。

仕事でたくさんの犬を見ていると、たとえば「めちゃくちゃに咬む子がいて困っている、犬種は○○○○○」という相談を受けただけでピンとくることがあります。住んでいる地域を聞いてみると、東京の△△区だという。案の定です。「もしかしてその犬は、Xというブリーダーさんの出身じゃないですか？」と聞くと、ドンピシャリ。

つまり、問題のある繁殖をやっていて、問題行動が出る犬が多いブリーダーの情報は、地域の専門家には広がっているわけです。

実際、僕は「この地域でこの犬種だったら、問題のある繁殖業者はここ」とだいたい見当がつきます。もちろん、逆のケースでこのブリーダーさんのところで生まれた犬なら安心、といういいほうの評判も伝わってきます。

犬の世界というのは、そのくらい狭い業界です。狭い世界だからこそ、ちゃんとやろうと思えばちゃんとやれるはず。僕はそう思うのです。

自分の手で安楽死させた犬

正しいやり方で繁殖をすることは、遺伝的な問題を減らすためにとても重要です。トレーナーとしては、「どんな生まれの犬でも訓練次第でどうにでもなります」と言えたらどんなにいいかと思います。

しかし、こんなことは言いたくないのですが、やはり変えられないものは変えられない。

本当にどうにもならないケースもたくさん経験してきました。一度だけですが、犬の安楽死を選択したこともあります。咬みがあまりにもひどかった犬でした。

動物病院に連れていって、心臓が止まるまで麻酔を打つのですが、懇意にしている先生だったので「やらせてください」とお願いして自分の手で安楽死させました。

その犬はもともと、お客様が飼っていた犬でした。チョビというコーギーで、一見ヘラヘラ、ニコニコしている可愛い犬です。この子が時々、前触れもなく発作的に咬みつくのです。

電話で相談があったのでお預かりして、飼い主さんは「この子と一緒に生活する自信がない」とおっしゃるので、最終的にはうちで引き取ることになりました。

預かったとき、チョビはまだ生後7か月で、それから成長するたびに咬みがひどくなっていきました。僕も咬まれましたし、当時いた10人ほどのスタッフも全員咬まれました。仕事にならないし、スタッフの安全を確保できません。

責任は引き取ってきた僕にあります。そこで安楽死させることを決めて、動物病院につれていったわけです。

注射を打ったときのことは今でも思い出します。チェーンでしばって動けなくして、お尻に針を刺す。そうしないと暴れて針が入らないからです。

チョビはずっと「うー、うー」と唸っていて、「致死量の5倍」という麻酔が入ってもまだ暴れていました。それが、3分、5分経つとしだいに大人しくなっていきました。動かなくなったチョビの体に触れたとき、「初めてこの子を撫でることができた」と気づきました。触れない犬とは一緒に暮らせない、ということを改めて痛感させられました。

その後、やはり懇意にしているペット霊園でチョビを焼いてもらったのですが、最後に骨を拾うときに焼き場の所長さんが話しかけてきました。「あのう、この子、なんかおかしいところはなかったですか」と。

こちらは何も事情を話していないのにです。

驚いて「なんでですか？」と問い返すと、「頭の骨の焼け方がおかしい」という。腫瘍のような通常と違う組織が焼けると、骨が変色したり、焼け残りが出たりします。チョビの頭蓋骨には、あきらかにおかしな焼け残りの跡があったのだそうです。

そのときになって初めて「脳に異常があるかも」という仮説を立てたことがなかったと気づきました。もしも次に、**明らかに異常な行動をする犬がいたら、病理的な検査をするべき**だとこのときに学びました。

チョビのことは、いまだに「あれでよかったのか」と考えます。

こういう経験があるので、「どんなに咬む犬でも治せます」というトレーナーさんを見ると「あなたは神様じゃないでしょう?」と思ってしまいます。

生まれ持った欠陥、異常はトレーニングで越えられないこともある。「どんな子でもしつけ直せます」というのは、あくまでもトレーナーの売り込みの文句でしかありません。

事実は、**トレーニングではどうしようもない先天的な要素もある。**トレーナーとしてこれは言っておかないといけないと思います。

甘咬みは本気の前触れって本当?

ゴールデンの特徴を説明したときにもちょっと触れましたが、痛いほど咬むわけではなく、軽く咥えたり、上手に服だけを咥えて引っ張ったりする犬がいます。い

わゆる「甘咬み」と呼ばれる咬み方です。

こういう犬の行動は「かわいいな」と感じる人が多い一方、「本気で咬むことに繋がるからやめさせたほうがいい」という意見を聞いたこともあると思います。実際はどうなのか、気になるのではないでしょうか。

そもそも**犬が甘咬みをするというのは、口を使って自分の感情を表現するということ。または何か主張したり、要求を通すということ**です。

「うちの子は散歩に早く行こうって、腕をくわえて引っ張るんですよ。大丈夫、絶対痛くは咬まないから」なんて話をしている飼い主さんがよくいます。

本来、甘咬みは幼児性の行動、つまり子犬がすることです。犬の世界では自分よりも優位な個体に対して、武器である歯を向けることは許されません。歯を向けられたら敵対行動とみなす。これが原則です。

ただし、自分より圧倒的に成熟度が低い子犬が歯を当ててくるのには、犬たちも寛容です。例の「庇護者」の立場から許容するのです。つまり、甘咬みは本来、子犬だから許されること。大きくなっても続く行動ではないはずなのです。

ところが、実際には成犬になっても咥えたり、ひっぱったりという形でコミュニケーションし、要求を伝える犬もいるわけです。

これは人間に対して「こいつには歯を当ててもいいんだ」という関係のまま成長して、成犬になっているということ。

そうなると、何かのタイミングで力を込めるかどうか、あるいは本気で咬みつくかどうかは犬の気持ちの問題になります。

人間を本気で咬んで怪我をさせてしまう犬をこれまでたくさん見てきましたが、99パーセントはふだんから甘咬み、またはじゃれ咬みをしている。つまり、前触れがある。これは見逃せない事実です。

もちろん、飼い主さんの袖をくわえて「散歩に行こうよ」とアピールする犬について「そういう犬はいつか必ず本気で咬む」と言いたいわけではありません。

ただ、要求している内容のレベルが上がってきたときに「これで通らないならこれで」と咬む力が強くなっていってしまう。知らず知らずエスカレートしてしまうことはありえます。

あるいは、なにかのはずみで瞬間的に強く咬んでしまうこともあるでしょう。**甘咬みを使ったコミュニケーションを許容しておくと、そうした事故が起きる原因になり得る。**これは覚えておいてください。事故が起こる確率を減らすのは、飼い主の責任です。

少し前に、伊勢崎市の公園で四国犬が暴れて子どもたちが咬まれたことがありました。飼い主さんは「穏やかないい奴なんだ」とコメントしていました。

実際、飼い主さんが見た限りでは穏やかだったのかもしれません。ふだんは犬舎にいる犬でしょうから、コミュニケーションがあまり密でなかったのでしょう。だから犬の持っている危険性に飼い主が気づいていなかった。ケージから逃げ出してしまって、公園で子どもたちが走り回っているのを見て、本能的に攻撃対象、獲物だと思って追いかけた。こうした危険性も、ふだんから犬を見ていれば気づけたはずです。

犬が「予告」を出しているのに、人間が気づいていないことはよくあります。**甘**

咬みも攻撃衝動に繋がる確率が比較的高い行動であるのは明らかです。かわいいからといって許容するのはやめたほうがいい、というのが結論です。

蛇足ながら、そもそも「甘咬み」という表現がよくないと僕は思います。思わず許したくなるようなかわいらしい語感と字面ですから。

子どもと犬が騒いでいたら、どっちを叱る？

お子さんのいる家庭だと、飼い犬と追いかけっこをしたり、転げ回ったりして騒ぐことはよくあります。

動きが激しくなって「ちょっと危ないな」と思うこともあるでしょう。こんな場合の対応については、「子どもを止めるか、犬を止めるのか」がポイントです。

一般に、ちゃんと人のコントロールができる飼い主さんのほうが、間違いなく犬との付き合い方は上手です。つまり、「**子どもに声をかけてやめさせるのが正解**です。

お子さんの年齢にもよりますが、人間には言葉が通じます。「そんな手の出し方をしてはいけない」とか「きゃあきゃあ騒ぐと犬はもっと騒いでしまうよ」とか、説明してやめさせるようにします。

これは一見当たり前のようですが、この場面で犬だけを止めようとする飼い主さんも実際にはけっこういます。たいていは収拾がつかなくなります。犬側に責任を負わせる発想だとうまくいかない、ということです。

解決できるレベルの犬の問題行動は、原因が人間にあることが多いのです。にもかかわらず、「犬をなんとかしよう」という発想で臨むと、問題を拡大してしまいがちです。

DOG BREAK

犬は学習している ―― 甘咬みについて

いまや大人気のゴールデンリトリーバー。大人しい性格ですが、甘えん坊で、ときに甘咬みしたりして、「自分をもっと可愛がって」とおねだりします。しかし、この咬むという行為、けがをするほどではないけれども「痛い!」。こういうことはゴールデンにはあるあるです。この「咬む」という行為、どの程度まで許せばいいのでしょうか。

ゴールデンは、基本的に口を使って何かを運ぶように育成されていますから、「咥える」「咬む」機能が発達しています。しかし、ハンターが撃ち落とした水鳥などを強く咬んでしまって傷つけてしまうと、商品としての価値が下がりますから、傷つけないような咥え方、咬み方を知っています。けれども、咥え方や咬み方は訓練していかないと、そのさじ加減は犬がやってくれるわけではありません。

結論からいうと、普通の家庭犬なら、最初から「咥える」「咬む」ことをしっかりトレーニング、コントロールしておかなくてはなりません。これは、犬の要求や希望を呑まないということです。犬は「ボクをもっとかまってちょうだい」と、飛んだり跳ねたり、吠えたり、歯を当てたりしますが、この行為は犬が選択することです。なかでもゴールデンは口を使うことに長けているので、咬んだりすることが多いのです。最終的に飼い主が「仕方ないわねえ」とそれを許してしまうと、犬は「自分の要求が通った」「これでいいんだ」という学習をします。飼い主が咬むことをよしとするトレーニングをしていることになり、とくにゴールデンはもともと頭がいいので、この傾向が強いのです。

けがをしないけれども犬が咬んだりしてきたときには、飼い主は「だめ！」ときっぱり拒絶しなくてはなりません。これが中途半端だと「仕方ないわねえ」と半ば諦めてしまい、心底では許してしまっていることが多いのです。結果として犬は「こうすれば自分の要求は通るんだ」と学習していくわけです。

犬は、家族それぞれに対する対応の仕方も使い分けています。お父さんは厳しいから咬んだりしたら拒絶される。お母さんは少し咬んで甘えれば大丈夫。子どもはちょっとじゃれればいい。などということを家族の中で自然に学んでいくのです。

咬むことを許容すると、犬は要求をエスカレートして、だんだん強く咬んだりしてきますから、要注意です。ただし、体罰を含めた力わざは使わないようにしたほうがいいでしょう。リード等でつないで、自分に近寄れないようにして知らんぷりしておくのも一つの方法です。

Lesson 4

犬と人間の幸せな暮らしのために

犬に時間と労力をかけなければ、あなたはもっと仕事や趣味を充実させられるかもしれない。家族との時間を増やせるかもしれない。それもよく考えてください。「犬を飼わない人生もありますよ」というのはそういう意味です。

イタリアで見た「犬が生活に溶け込んでいる」社会

「どうしてドッグトレーナーになろうと思ったんですか？」

という質問を受けると、困ってしまいます。説明するとけっこう長い話になってしまうからです。

ただ、長くなるだけに、ちゃんとお話しすればトレーナーになった理由だけでなく、僕が犬とかかわるうえで大切にしていること、今の日本で犬にかかわるどんな問題があるか、犬と人間との幸せな暮らしのために、何をしていくべきか……といった、ちょうど本書のまとめになるような話にもつながってきそうです。

というわけで、レッスン4では僕の来し方を語るところから始めさせてください。

子どもの頃は、父の仕事の都合で引っ越しが多い家庭でした。幼稚園から中学校まで合計で12〜13回は転校しているはずです。

だから友達がいない。そのかわり、飼っていた犬はいつでもなんとなくそばにいる。僕の子ども時代ですから当然、外犬です。犬とは庭で飼うもの、という認識でした。

僕が小学2年生のとき、父の転勤でイタリアに行くことになり、飼っていた犬は親戚のうちに預けていきました。

イタリアに行って、大人たちに最初に言われたのが「下を向いて歩きなさい」ということです。

道のそこら中に犬のうんこが落ちているからです。首都ローマの街中に、です。何回踏んだかわかりません。

僕は現地のインターナショナルスクールに通っていたので、毎朝スクールバスが迎えにきました。バールという喫茶店のようなお店で朝ご飯を食べてから、バスに乗って登校します。

朝、バールに行くと必ず犬が寝ています。どこのバールでもそうです。それ以外にも街のそこここに犬がいます。

僕が朝ご飯を食べていると、犬がこっちを見て「何食ってんだ？　ちょっとちょうだい」みたいな顔をします。しょうがないからパンをあげる。それが毎朝です。

子どもの頃のことなので正確なことはわかりませんが、たぶんあの犬はバールで飼っていたのではないでしょう。たしかに、バールの店主は他の人よりはちょっとだけその犬に優しい。食べ物をあげているのを目にすることもよくありました。

でも、散歩に連れて行ったりしている様子はない。だから、誰が飼っている犬というわけではない。そういう犬がローマの街中にはいたるところにいるわけです。そりゃあ道が犬のうんこだらけになるわけです。

この話をすると、「日本で言う地域猫みたいな感じですか？」と言った方がいました。たしかに似ているかもしれませんね。地域に溶け込んで暮らしている犬たちです。

当時の僕は（今もですが）、日常に犬が溶け込んでいる風景を日本では見たことがありませんでした。せいぜい草むらから野良犬の耳が出ていて、びっくりして逃げたくらい。基本的に飼い主がわからない犬がいたら保健所が捕獲する対象です。昭和の日本ではそこまで厳しく捕まえてはいなかったというだけです。

自分が庭で飼っていた犬とも全然違うな、という印象を子どもながらに受けました。日本の犬は庭に鎖で繋がれていて、人が来たらワンワン吠えて、場合によっては郵便屋に咬みつく……といった感じ。番犬という言い方もありました。

「こいつらはどう見てもバールの番犬じゃないよなぁ」と思ったのです。

庭に繋がれて飼われている犬と野良犬しか知らなかった僕が、イタリアに行って初めて「人間の暮らしの中に自然に溶け込んでいる犬」を見た。そして、犬とのかかわり方には文化による違いがあることを、子どもながらに学んだわけです。

ここらへんに、僕が後にドッグトレーナーの道に進むことになる原点があったと思います。

後日談、というわけではないのですが、数年前にポルトガルへ行ったとき、こんなことがありました。

ある港町に滞在して、夜になって食事をしに街に出ました。すると、犬のうんこがそこら中に落ちています。「みんな気をつけて！」と同行者に声をかけて、ふと見ると石畳の路地に犬が寝ています。それも1頭や2頭ではありません。そこら中にです。

30、40年前のイタリアと同じ風景がそこにはありました。犬たちは別に人間に吠えかかったりするわけではありません。おおらかです。

基本的に人間のことは「食べ物をくれるいい奴」だと思っている。中には臆病な子もいますが、そういう子も人間と距離をとって近づいてこないだけで、アグレッシブさとは無縁です。

雑種ばかりで、20キロクラスは普通にいるので犬が苦手な人は怖がるかもしれませんが、顔をみると明らかに「いい奴」そうな犬ばかりです。

「ああ、やっぱり西洋人にとっての犬って、相変わらずこういう存在なんだなあ」としみじみ思いました。

当たり前のように人間の生活に犬が溶け込んでいるのです。

家の中でシェパードがうろうろしている

イタリアで暮らし始めて受けたカルチャーショックはもう一つあります。

たまに父の仕事関係などで現地の家に招かれて行くと、家の中にシェパードがうろうろしていたりすることが普通にあって、これも衝撃でした。

そもそも家の中に犬がいる、というのが信じられないし、当時の日本人の感覚ではシェパードは警察犬で、家庭で飼う犬ではありません。家の中でシェパードが普通に暮らしている状況が理解できませんでした。

イタリアでは2年間暮らして、日本に帰ると待っていてくれた犬と再会しました。

当然、日本の犬ですから日本式の飼い方で庭につながれています。その犬は、僕が大学に入るまで生きていました。

ある朝、小屋から出てこないな……と思ったら死んでいました。これも当時だと普通のことだったとは思います。

そのとき、僕は「もうちょっといい見送り方があったのでは？」と思いました。イタリアで見たように、もっと犬と距離の近い暮らし方をしていれば、死の予兆、タイミングもわかってあげられたのではないかと思ったのです。

室内トイレで試行錯誤

僕が大学に入った当時、我が家はマンションに住んでいたのですが、規約が緩めで犬や猫を飼っていても文句を言われませんでした。

ある日、母が急に近所の大きなペットショップから犬を買ってきました。真っ白なスピッツのオスです。

店員さんから飼い方の説明を受けたとき、今考えればおかしな話なのですが「これを飲ませてください」と薬を渡されたと言います。

連れて帰ったその日から下痢が始まりました。その子はとてもきれい好きで、下痢をするたびに「きれいにしてくれ、きれいにしてくれ」と鳴いてアピールします。夜通しペットシーツを替えることになりました。

朝になってショップに連絡しても、「渡した薬を飲ませてください」としか言いませんし、飲ませても一向に良くならない。当時は僕もまったくの素人ですが、さすがに「この状態はやばいんじゃないか」と思いました。

電話帳で調べた近所の犬猫病院で診察してもらうと、寄生虫がひどいとのこと。もらった薬を見せると、獣医の先生は「こんな薬じゃ無理無理、死んじゃうよ」と言うのです。

結局、その獣医さんが「こりゃ、あまりにもひどい状態だから、俺が交渉してやるよ」と店に話してくれて、その子は返すことになりました。先生いわく、同様のトラブルが何件も起きていたショップだったそうです。

母が「どうしてもスピッツがほしい」というので、その獣医さんは日本スピッツ協会という犬種の管理団体を紹介してくれました。そして、その協会を通じて、別のスピッツを譲り受けて飼い始めることになりました。

もちろん、下痢をして脱水症状を起こして、死にそうになってショップに帰っていったスピッツのことは僕も母も心に引っかかってはいました。この犬については後日談があります。

何年か後、僕がドッグトレーナーを開業して、事業用の口座を作るために銀行に行ったときのこと。犬に関係する仕事だと知って、窓口のお姉さんが「うちにも犬がいるんですよ」と言う。「そうですか、犬種は?」「スピッツです」「え、この辺にお住まいですか?」「ええ、○○のマンションに住んでます。△△ペットショップで買ってきたんですよ」。病気のスピッツを渡したペットショップでした。

飼い始めた時期を聞くと、ちょうどうちからスピッツを返した頃です。生年月日もうちに来るときに付いていた契約書に書いてあったのと同じ。性別もオスです。お姉さんが「この子なんですよ」と見せてくれた写真をみると、間違いなくあの子でした。

死んだものと思っていたあの子が、こんないい人のところに行けたんだ……と、安心しました。奇跡的なめぐり合わせだったと思います。

そんなこともありつつ、スピッツを迎えた我が家では、マンションの室内での飼育を始めました。前の犬のように外の小屋に置いておくという飼い方はしたくなかったからです。ただ、室内で飼うとなると、大変なのが排泄の世話です。

当時、すでにペットシートやトイレトレーといった製品はありました。室内で犬を飼う人も出始めた頃です。

とはいえ、スピッツは10キロ弱くらいはある犬です。このサイズの犬を室内で飼育する人は、日本にはまだほとんどいなかったと思います。室内で飼うとしても、トイレは朝晩の散歩のときに済ませるのが普通でした。

室内のトイレで排泄をさせる方法は、試行錯誤するしかありませんでした。お手本がない状態で、手探りで犬にトイレを教えていくのです。

いろいろやってみて、タイミングを捉えてトイレの設置場所に連れていき、サークルで囲ってしまう。排泄できたら出す、というやり方に落ち着きました。これは今でもトイレのしつけに使っているオーソドックスな方法です。

でも、当時はこのやり方がいいという情報はどこにもなかった。飼っているスピッツを試行錯誤しながら室内飼いする中で、ドッグトレーナーとしての下地が養われていったのだと思います。

後にトレーニングの勉強を始めて、海外のトレーナーとやり取りするようになって気づいたことなのですが、**日本人の訓練士さんは警察犬のような仕事をする犬の訓練がメイン**です。

だから、普通の犬のしつけができない。仕事をする犬は犬舎にいるのが基本で、**人間の生活空間にずっといる家庭犬のしつけは重視されてこなかった。しつけの中に、トイレという項目がそもそもなかった**のは無理もありません。

一方、外国では……じつは、こちらも基本的には家の中でトイレをさせるという考えはありませんでした。普通にシェパードが家の中にいたりする生活なのにです。

大きめな犬だったら散歩のときに外でさせます。あるいは、家の裏口のところに犬用の扉をつけておくと、犬は勝手に中庭でしてくる、というパターンもあります。

いずれにしても、トイレシーツを使って室内で……みたいなやり方には海外のトレーナーも明るくない。

人間との共存ということを考えれば室内で排泄ができたほうがいいに決まっています。散歩に行ってさせてもいいけれど、雨の日や雪の日には散歩に行かなくて済むならそれに越したことはない。

室内トイレのお手本は、やや大げさに言えば世界中のどこにもない。僕は母親や弟と一緒に、家に来たタロというスピッツ、後からきたジロというスピッツを世話しつつ、試行錯誤を繰り返して作り上げたものです。

運命に導かれた？　天職との出会い

当時、僕はプロの「レーサー」を目指していました。仕事として犬にかかわる気は全然なかったのです。

16歳でバイクのレースを始めて、バイクだと現役が短いし、稼げないな……そう思って四輪に転じました。

当然、大学では自動車部に入るつもりでした。ところが入学直後に自動車部の部室に行ったら誰もいない。うろうろしてるところを茶華道部のきれいな女性の先輩に誘われて、お茶を御馳走になってしまいました。

結局、大学では茶華道部に4年間在籍することになります。ちゃんと華道の免状も取りました。

じつは、この話がドッグトレーナーともつながっていきます。

僕のレース仲間の一人は、中学の同級生でした。彼の家は工務店で、お母さんは「手かざし」をして人を癒やしたりするタイプの人でした。

ある日遊びに行くと、そのお母さんが「前世が見える先生がいらっしゃるから見てもらいなさい」と言います。「おもしろい」と思って見てもらうことにしました。

その先生いわく、「あなたの前世は女性。フランス人で、花屋の娘。若くして亡くなっている」とのこと。なんでも人間としては生まれ変わってくるまでのサイクルがかなり早いのだそうで、「やり残したことがあって亡くなってるから生まれ変わりが早いのよ」という話です。

続けてその先生が言ったのは、「あなた、将来必ず生き物を扱う仕事につくわよ」。

僕はレーサー志望だと伝えていたのに、そう言うのです。「必ず生き物を扱う仕事につくから、覚えておきなさい」と前世診断の先生は自信満々です。

「覚えておきなさい」と言われたけれど、僕はそのことはすぐに忘れてしまいました。

時は流れて、ドッグトレーナーを始めることになって、その工務店を継いだ友達に店舗の内装工事を頼むことにしました。店に来てもらって、ここに棚をつけて、ここをこうして……と相談していたら、突然彼がぼそっと言うのです。

「本当になったね」と。

「え？　何の話？」

「覚えてないのか。うちの母ちゃんが呼んだ占い師の先生」

そこで、一気にすべてを思い出して、ぞわっと鳥肌が立ちました。

そのときに気づいたのですが、大学でも自動車部に行くはずだったのに、なぜか茶華道部に入って4年間、お花とかかわっていました。

「この道に進んだのは、運命だから逃げられないのかな」……と、そのときから感じるようになりました。

よくスタッフに言うのですが、ドッグトレーナーは飼い主さんに対して「この犬は絶対捨てないように、この犬と絶対に最後まで添い遂げるように」ということをニコニコしながら刃を向けて言うような仕事です。

である以上、**ドッグトレーナーが自分の仕事を投げ出すことは絶対にありえない。**

続ける、やり遂げるという意思が持てないんだったら最初からこの仕事はしないほうがいい。

そんな話をスタッフにはしつつも、僕の場合は最初からやめられないと運命づけられているから、続けているだけなのかもしれません。

余談が盛り上がってしまいました。話をドッグトレーナーになったきっかけに戻します。

大学では茶華道部には入ったものの、レースも続けていました。授業に出るかわりにずっとバイトをして、レースの費用を稼ぐという生活です。そのままほとんど就職活動をせずにレーシングチームを持っている石油の会社に入りました。

「レースをやらせてくれるなら」という条件だったのですが、半年くらいガソリンスタンドのお兄ちゃんとして働いてみて、どうやらレースをやらせてくれるという約束は守られそうもないと気づきました。

そこを辞めてからはネットワークビジネスをやったり、物干し竿の行商をやったりしながら、借金をしてはレースに出るという生活をしばらくしていました。

その一方で、今の奥さんとは18歳のときからずっと付き合っていたので、そろそろ真面目な仕事に就くことも考えないといけない。英語ができたので、日本に進出してきたばかりのシティバンクに契約社員で入って、夜中に為替取引の注文を受ける仕事を始めました。当時で時給１８００円くらいでした。

ちょうどその頃、僕の弟は大学をやめて家でぶらぶらしていました。母親に仕事を探せと言われた弟がたまたま見つけたのが「犬の訓練士募集」の看板。うちにはタロとジロがいるし、犬は好きだし、ということで弟はこれに目をつけたのです。

就職した訓練所は地獄だった

ところが、面接から帰ってきた弟に「どうだった?」と話を聞くと、「めちゃめちゃ怪しかったから断る」と言うのです。

逆に興味が湧いた僕は、ちょうどシティバンクの仕事がつまらなくなっていたこともあり、自分も面接を受けてみることにしました。

当時その会社は、東京の青山にあったビルをまるごと所有していました。エントランスに入ると、台座の上に犬が座っている。間違いなく生きている犬なのですが、ピクリとも動きません。じっと座っていて、置き物と見間違えるほどです。

面接会場は大理石の床で、シャンデリアが下がっていて、見るからに高級そうな革張りのソファが置いてありました。テーブルの上には葉巻まで用意されていて、たしかに弟が言っていたとおりの〝怪しさ〟です。

そこで社長だというコワモテの男性が葉巻を吸いながら面接をしてくれて、僕はあっさり採用されました。でも、辞退した弟のほうが正しかったことが入ってすぐにわかりました。

エントランスの台の上に座っていた犬は、本当にピクリとも動きませんし、台の上で座ったまま排泄もしてしまっていました。血尿を出していたこともありました。動いたらものすごい勢いで殴られるので、恐怖で動けないのです。トイレにも行けないから、その場で漏らすしかない。しかも、漏らしても怒られる。

事務所のバックヤードに行くと、ケージがありました。ご存知のように、ケージは通常四角い形をしていますが、ここにあるケージはみんな丸く膨張していました。サイズの小さいケージに犬を無理やり押し込むからです。そんなケージが何段も積んであるわけです。

大変なところに来てしまった、と思っていると、先輩社員に「訓練を教えてやるから犬を連れてこい」と言われました。

犬を伏せさせて、首につけていたリードを犬の周りに円を描くように置く。そのまま30分くらい伏せたままにさせる。大理石の床は堅くて冷たいので犬は身じろぎします。すると先輩は「蹴倒せ！」と言う。立ち上がろうとしたり、リードで作った円から出そうになったら犬を蹴れ、踏みつけろというのです。

「できないです」と断ると、自分が殴られる。

そこにいた犬たちは、お客さんから預かっている犬と、売り物の犬でした。いずれにしても訓練という名の「虐待」が毎日行われている訓練所でした。

僕はそこで一応、3か月は耐えました。体重は15キロ減りました。

後からわかったことですが、当時は犬の訓練ではこのくらいのことは当たり前のように行われていました。他でも似たようなことをやっているし、何が悪いんだ？　とここの人たちは思っているわけです。

「いいか、犬がちゃんと言うこと聞くようにお前らが訓練しないと、こいつらは人間に逆らったら捨てられたり殺されたりしちゃうんだよ。そうなったらお前らのせいだからな」

先輩たちはそんなロジックをよく使っていたのを覚えています。

英国式トレーニングとの出会い

3か月でその訓練所をやめた僕は、シティバンク時代の友達に「こんなことがあってね」と事の顛末を話しました。

すると、彼も外国暮らしの経験が長い人だったので、「イギリス人は動物の虐待にはすごく厳しい。訓練でも絶対そんなやり方はしない」と教えてくれたのです。

なるほど、イギリスか……と思って、鎌倉にあるドッグスクールが「英国式訓練」という看板を掲げていたのを見つけて、とりあえず行ってみました。

ちょうどイギリス人のトレーナーが来日していて、そのスクールの所長さんの認定試験を行うというタイミングでした。

訓練を見せてもらうと、たしかに違います。殴ったり蹴ったりせず、今の僕がやっているのと同様のトレーニングをちゃんとやっていた。「ここでなら勉強したい」と思いました。

見習い訓練士として下働きに入るという手もあったのでしょうが、僕はそのときすでに川崎市の梶が谷に空きテナントを見つけていて、トレーナーとして独立開業するつもりでいました。

自分のスクールをやりながら勉強をさせてもらいたいとお願いすると、所長は「いいよ」と快諾してくれました。

当時、僕は梶が谷に開いた店舗と自宅とで、大型犬を4頭飼っていました。シェパードが2頭とゴールデンレトリーバー1頭、エアデールテリア1頭です。あるとき、所長から「エアデールテリアを貸してほしい」と頼まれました。訓練士の競技会か何かがあって、誰もエアデールテリアを持っていないからみんなが見たがっているという。

快諾して犬を貸して、2、3日して帰ってくると様子がおかしい。明らかに怯えきっている様子です。

所長に電話をかけて「何かしましたか?」と聞いても「何もしていない」という。所長の下で番頭格だった人を呼び出して問いただすと、やっぱり体罰を加えていました。

「英国式」の看板を掲げているその訓練所も、結局は同じでした。イギリス人のトレーナーが視察にきているときはちゃんとやっていても、彼らが帰ってしまったら日本式に叩いてしつけていたのです。

一見良さげに見えたスクールも、実態は同じだった。「うちはやりません」と言いながら体罰を使っているわけですから、より悪質とも言える。結局、そのエアデールテリアはもとの陽気な性格には二度と戻りませんでした。本当に申し訳ないことをした思いです。

落胆はしましたが、どうやらイギリス人はちゃんとしているようだということはわかりました。こうなったら自分でお手本を見つけるしかない、と決意した僕は、とにかく1回イギリスへ行ってみることにしました。

あてはほとんどありません。向こうに到着してから空港で電話帳を見て、「dog training」の項目を見てトレーナーを探しました。

電話帳で見つけた何件かには訪問してみたのですが、まったく相手にされません。ケンネルクラブという団体を訪ねて訓練士を紹介してもらっても、やっぱりだめ。日本人というだけで相手にされないのです。「日本人は犬を食べるだろう」なんて言われたこともありました。

それでも諦めずにあちこちと回っているうちに、今でも交流のあるジョン・マクニールさんという先生にたまたま出会うことができました。

ジョンの住まいはミルトンキーンズというロンドンから電車で2時間弱ほど北へ行ったところにありました。ジョンは異文化の中で苦労して学ぼうとしている僕の想いを理解してくれて、「私の妻もオランダ人だから、いろいろあるんだよ」と言って、とても親切にしてくれた。僕が英国式トレーニングを学ぶことができたのは彼のおかげです。

それから、日本とイギリスを行き来する生活が始まりました。店を弟に任せての渡英です。そうそう長くは滞在できません。

2週間ほどイギリスに行って、日本に戻って、また2週間渡英してジョンに教わって、日本に戻って……の繰り返しで修行を積みました。

当時のジョンは60歳になる少し前くらい。20代からトレーナーを続けてきて、英国王室関係のトレーニングも手掛けたことがある大ベテランです。

「イギリスのドッグトレーニングも、よそから見るほど整備されているわけじゃない。この30年くらい努力して改善してきたんだ。だからお前も、ちゃんとやれば絶対にうまくなるし、社会を変えることもできる。大事なことは止めないと決めることだ」

そうジョンに励まされて、サポートを受けながら、本格的に英国式トレーニングの看板を掲げて仕事を始めたのです。

訓練所の虐待を告発する

修行するのと並行して、僕はすでに開業してトレーナーの仕事を始めていました。なかなか大変な毎日でしたが、設立したばかりの「ドッグライフプランナーズ」は意外と順調に軌道に乗ったのです。それには、ちょっとした事情がありました。まだ川崎市の梶が谷に店を開けるために鎌倉の訓練所とやりとりをしていた頃です。日本テレビの『きょうの出来事』というニュース番組のディレクターが訪ねてきたことがありました。

僕が最初に勤めた青山の訓練所を辞めたスタッフが、犬の虐待を告発している。「岸さんにも取材したいんですが、証言できますか」と。

証言するのはもちろん望むところです。ただ、あの訓練所の社長、面接のときに葉巻を吸っていた柄の悪い男は、要するにヤクザだった。もとが地上げ屋で、ビジネスの一つとして訓練所もやっていたのです。

みんなそれがわかっているから、これまでは証言をためらう人が多かった。ディレクターさんに「できますか」と聞かれて「できますけど」と僕は条件をつけました。

この手の関係者証言、内部告発といった映像は、音声を変えて画面をぼかして、証言者が特定できないような映し方をするのが普通です。でも、そんな小細工をしたところで、関係者が見たら誰だかわかるに決まっています。

そこで僕はディレクターにこう頼みました。

「申し訳ないですが、どうせ僕だってわかるし、僕はあのやり方がいいと思わないので、正直なところあのやり方をなくしたいと思っています。だから顔も出して、音声も変えないでほしい。そして、今うちでやっている体罰のないトレーニングの様子も取材して、一緒に放送してほしい」と。

顔と名前を出したほうがまだ安全だ、というのが僕の判断でした。僕が誰で、どんな証言をした人間か知れ渡っていれば、何かあったときに誰の仕業か明白です。そのほうがむしろ身を守ることにつながると考えたのです。

そこから話が進んで、僕がイギリスと行き来を始めたあたりで取材があって、『きょうの出来事』は放送されました。それから1か月以内に、あの青山の訓練所とその系列店はすべてなくなりました。

「危険な目にあわなかった?」と心配されるのですが、特にこれといったことはありませんでした。

梶が谷の店では、開店間もない頃からペットホテルも始めました。放送後しばらくは、店に火でもつけられたら困るので夜は常に泊まり込んでいました。どうせ人がいるなら……というのも、24時間制のペットホテルを始めた理由の一つだったりします。結局火はつけられなかったし、あとは電話で何件か文句を言われたくらいです。

「メディアってすごいな」と思ったのは、開業してすぐだったにもかかわらず、ニュースを見た人がたくさんお客さんになってくれたこと。うちでやっている訓練の様子も放送されました。犬を飼っている人から見たら、当時の既存の訓練所との違いは明らかだったのでしょう。

おかげで、イギリスと行き来しながら勉強している段階で、商売はかなり成り立つようになってきました。

リードで叩かれるグレートデーン

「犬の訓練所のひどい実態を立て続けに見せられて、それでもトレーナーになろうとしたのはどうしてですか？　嫌になってしまわなかったんですか？」

と聞かれることがあります。

今でも思い出すのですが、青山の訓練所にティナという名前の雌のグレートデーンがいました。当時、この犬種は断耳《だんじ》と言って、垂れ耳を切って立たせるようにしていました。なので、耳が立っていないグレートデーンは商品になりません。かっこ悪いからです。

ティナには、しょんぼりしていると耳が寝てしまうというクセがありました。そういうときは、リードで顔をパチーンとひっぱたくとしばらくの間だけ耳がピッと上がる。グレートデーンを見たいというお客さんが来るたびに、ティナはバックヤードでリードで散々叩かれる。叩かれながらティナはこっちを見て「助けてくれ」と目で訴えかけてきました。

あの目で人間を見なければいけない犬をたくさん作るのは、犯罪だと僕は思いました。「こんなひどいことがあるなら、この世界から離れよう」とは思えなかった。むしろ「許せない、逃げるわけにはいかない」と思いました。

現在、犬を取り巻く状況はずいぶんマシになってはいます。とはいえ、やっぱりそれに類似することはいまだに起きています。

だから僕は人里離れた、塀で囲ったような訓練所は好きではありません。訓練、トレーニング、しつけ、言い方はいろいろですが、いずれにしても人目のあるところ、オープンなところで、誰に見せても恥ずかしくない方法でやるべきです。

犬は「受注生産」が正しい

いろいろな話をしてきましたが、犬にとっても人間にとっても幸福な仕組みを作るにはどうしたらいいか？　を考えるとき、僕が第一に提案したいことは、犬の繁殖と流通の方法です。

トレーナーをやっていて思うのは、トレーニングや訓練で問題行動が直ると期待していただくのはありがたいけれど、無理なものは無理だということ。問題行動は先天的な要素とか幼少期の過ごし方、育ちに大きく依存します。

自分の家にスピッツが来たときのことを考えても、やはり売り方に問題があると思わざるをえない。安楽死させたチョビもまさにそんなケースでした。繁殖と販売の仕組みが不幸な結果に直結するのです。

イギリスでは基本的に犬を店頭に陳列して販売しません。

犬の幼児期の情操教育としてよくないし、**命を展示して販売するのは奴隷売買と同じ**だ、という嫌悪感も強い。繁殖をコントロールしようという観点からも、店で自由に客が選べるような供給量になることはありえません。

現在の日本では、流通の中心はペットショップになってしまっています。子犬を陳列して、お客さんに抱っこさせて買ってもらうというのがペットショップのスキームです。

だからショップにいる子犬は最低限しか餌をもらえないし、はっきり言うとガリガリです。最終的に大きなサイズになる犬種でも、ショップに並んでいるときにはやせ細っている……ということはよくあります。小さいほうが「かわいい！」と思ってもらえるからです。

子犬は夜中だってうんこをしますし、片付けなければ踏むし、食べてしまいます。

鳴き続けます。24時間体制で世話して初めてまともに育つのが子犬です。

店のショーウィンドウにポンと置いて、20時になったら店を閉めて、次の日の10時までそのまま放置……では、まともに「犬格」ができあがるわけがない。

でも、それが一般的な仕組みになってしまっている。

本来はこういう「展示販売」ではなく、犬を飼いたい人からオーダーをもらって、そのうえで計画的に繁殖をして、プログラムにしたがった育成をするべきです。

もちろん、このやり方だと「テレビで観たあの犬種がかわいかった、今すぐほしい」という需要には応えられません。不便ですし、お金ももっとかかる。

けれども、本来犬とはこうやって手間かけて手に入れるものなんですよ……という常識を広げていくほうが、人にとっても犬にとっても幸せだと思います。

繁殖についてのルールも厳しくする必要があるでしょう。

海外であれば、よくある規制は、生繁殖に使っていいのは6歳まで、回数にして生涯で3回までといったような明確な条件があります。日本では法改正は少しずつ進んでいるものの、それほど厳しくは運用されておらず、実効性に欠けるというのが現状です。

高齢になるほど、回数が増えるほど、出産する犬にとっては危険だし、生まれてくる子犬に問題が出る確率が高いのは当然です。最終的に子どもを産めなくなった犬は、一昔前なら保健所に連れていって「処分」されていました。今なら有料の「里親探し」に回されることも多々あります。

現状を変えるためには、受注してから繁殖させる方式にすること。犬を飼うと決意して、子犬がほしいと希望する人がいて初めて、行き先が決まっているうえで繁殖させるという方式を基本にしないといけない。もちろん生涯3回まで、といった制限も必要でしょう。

もちろん、そうなれば子犬の値段は跳ね上がります。なぜか——。

例えば母犬から生涯3回しか子犬を取れないとして、小型犬では1回の出産で3頭程度しか生まれてこない。となると、生涯で10頭、取れるかどうか。親となる犬の飼育には生涯300万かかるとして、ビジネスとして利益を残し、成り立たせるためには、子犬の値段は1頭100万以下にはならないでしょう。

犬を飼うハードルはますます高くなりますが、やむを得ません。犬は贅沢品で、嗜好品で、なくても人が死ぬことはないものです。


こういう言い方になってしまうのは心苦しいのですが、「高いお金を払える人だけ飼う」というスタンスがじつは正しい。

語弊があるのは承知ですし、不快に思われたら申し訳ない。保護団体の人にも「なんだその言い方は」と怒られたことがあります。

もちろん僕も、より多くの人が犬と一緒に生活して思い出を作れるのはいいことだと思います。子どもたちが命と触れ合う機会も多いほうがいい。

ただ、それを実現しようと思ったら最低限発生するコストを理解しなくてはいけない。そんな苦い事実を世の中に伝えていくことも僕の仕事だと思っています。

日本で始まった新たな取り組み

犬の繁殖については、僕が２０１０年頃から介護事業などを展開しているニチイ学館の取り組み（２０２４年3月にニチイホールディングスが新設した㈱レイクウッズガーデンへ事業承継）に協力させてもらっているプロジェクトがあります。

ニチイ学館の前の会長さんがオーストラリアに行ったとき、オーストラリアン・ラブラドゥードルという犬とたまたま出会ったそうです。

抜け毛がとても少なくて、フレンドリーな性質。なので、ニチイ学館さんが運営する介護施設の中で、いわゆるセラピードッグを務めるのに最適なのではないか、という話になった。そこで会長さんの肝入りで犬の繁殖プログラムを立ち上げることになったのです。

ニチイさんが採択した方法は、オーストラリアの仕組みを取り入れたもので

「ファミリーケアホーム（FCH）システム」と言います。犬を個人の家で飼ってもらって、繁殖に必要なときだけ貸してもらう。交配のときに連れてきてもらって、いったん返す。おなかが大きくなったらまた連れてきてもらって出産。子犬と過ごす期間が終わったらまた飼い主のもとに戻す。雌犬の交配は生涯で2回か3回（契約上は多くて4回まで）と、法改正前からきちんと制限も設けてきています。

現在においてもペットタイプの犬のブリードと分譲は行われていますが、需要に応じて生産調整を徹底し、過剰生産を回避する方式であることは言うまでもありません。

犬は人の生活の中に溶け込んで暮らすのが自然な生き物です。繁殖用の犬を子犬生産の道具のように犬舎に繋いでおくのではなく、ちゃんと家族の中で暮らせるようにする。加齢して繁殖から引退したのちに向けて、一般家庭という受け皿が初めからしっかりと用意されている。とても健全なシステムだと思います。

繁殖の仕組みとしては、限りなく理想に近いやり方だと思いますし、オーストラリアの犬舎で広く取り入れられている仕組みの一つです。

なぜなら海外では犬の繁殖が良くも悪くも趣味の域を出ないからです。純血種の系統を残したい、と考えている愛好家が繁殖をしているので、そもそも儲けようとか採算がどうしたといった発想がない。**「貴族の趣味」だと思ってもらえれば間違いない**でしょう。

僕は、本当はそのほうがいいと思っています。ビジネスにしようとするからおかしなことになる。余裕のある人が趣味としてやれば、少なくとも繁殖で犬が酷使されるような心配はなくなります。

とはいえ、前提が違う日本では真似できるやり方ではない。それならば、ビジネスとして成り立っていて、なおかつ犬にとっても幸福な仕組みを作っていくしかないでしょう。

我々のようなプロが犬を飼いたい人の相談窓口になって、お客さんは相談したうえで子犬の譲渡を希望するリストに名前を連ねる。家庭で幸せに暮らしている犬から子犬を取って、順番に各家庭に迎え入れられていく。そんなシステムを一般化できればいいと思っています。

犬の殺処分は減っているけれど

近年、動物愛護管理法が改正されて、保健所ではペットを引き取って処分しなくなりました。もちろんいいニュースなのですが、単純に喜ぶわけにはいかない面もあります。

最近知人から聞いた話ですが、地方の保健所では純血種の野犬の捕獲が急増していると言います。繁殖業者が山に犬を捨てているのかと思ったのですが、どうやら違うらしい。「たぶん、個人がかなり捨てていますね」と言うのです。

保健所が犬を引き取って処分しなくなったから、犬を捨てたい人は山に捨てるしかなくなってしまった、ということでしょう。

保健所が引き取らなくなれば捨て犬は減るのでは？　と思われたのが、実際は保健所が犬を捕獲する手間が増えただけになってしまった。一部ではそういうことも起きているわけです。

もちろん、全体としては法整備が進んでいるのはいいことです。

最近では保健所に犬や猫が好きな人材が集まって来ていて、動物保護にかかわる仕事に熱意を持って携わるケースが多くなったとも聞きます。

かつては保健所に配属されて殺処分をやらされ、心を病む人が後を絶ちませんでした。だから犬猫好きな人ほど保健所を敬遠する傾向があった。制度の変化によって、動物好きな人材を活かせる環境になったのは喜ばしいことです。

犬も飛行機の客席に乗せるべき？

２０２４年の正月には、日航機の衝突事故がありました。貨物室にいたペットが救出できず「客室に乗せられるようにすべきだ」という議論が起きたのは記憶に新しいでしょう。

あのときは、「犬は飛行機の客席に乗せるべきなのか、どうか」という問題について、僕もいろいろな人から意見を求められました。

まず、意見というよりは感想を言わせてもらうと、「犬は好きだけれど、人間の命を危険にさらしてまで犬を助けにいくという人の気持ちは正直わからない」というのが僕の感想です。

何度も言うように、人間と犬の関係は宿主と寄生獣の関係です。寄生獣を救うために宿主がリスクを冒すべきという発想には僕はなりません。

宿主が死んでしまったら寄生獣も死ぬしかないというのがこの共生関係です。ただし、助けられなかった飼い主が死ぬほど辛い気持ちになるのは当然です。でも、だからといって今後は犬も客室に乗せましょう、というのは話が別です。

世の中には、犬が好きな人も嫌いな人もいるし、たとえ犬好き同士でも人によって「自分にとって犬とは」の位置づけは違います。だから、そこで意見の一致を見るのは難しいことです。

自分の見てきた範囲で言うと、日本人の飼い主は特に犬を人扱いしてしまう傾向が強いと思います。犬を「ヒト化」すると言っていいかもしれません。

西洋人は、犬が高齢になったり病気になったりして明らかに回復の余地がないとわかると、安楽死を選択します。日本はペット後進国だと言われたりしますし、たしかに欧米の動物愛護はいろいろな面で進んでいます。でも、同時にちゃんと犬を安楽死させる文化もある。日本人にはほとんどそういう選択はありません。

いろいろな家庭の犬を見ていて「回復をしないのなら安らかに送ってあげたほうがいいのに」と思うことは多い。でも、飼い主さんは最後まで命だけでも繋いでいってほしいと思っていることがほとんどです。

犬は嗜好品です。いてもいなくてもいい人もいるし、いないほうがいいという人だっています。嗜好品が人間より優先されると言ってしまったら、価値観の違う人同士で対立が深まるのは避けられないでしょう。

結果、どうなるかというと、航空会社は「もうめんどくさいからペットを載せること自体をやめよう」という判断をすると思います。それでも商売は成り立ちますから。

おわりに
ドッグトレーナーの仕事

犬を飼いたいと思っている人に対して「大変だからやめておきなさい」と言うに等しいような厳しいことを、ここまでたくさん述べてきました。

「猫のほうがいいですよ」なんて言うドッグトレーナーは他にいないだろうな、と我ながら思います。

実際、ここまで読んできて「自分には犬を飼うのは無理だな」と思った方もいるでしょう。それでも犬が好きならば、飼う以外にも犬にかかわる道はある、という話をしたいと思います。

それは、仕事として犬にかかわる道です。もしも、うちの会社で仕事をしたい方がいれば、ぜひ応募してください。お待ちしています。

コーンズという高級外車専門の販売会社があります。コーンズの社員がみんなフェラーリを所有しているわけではありません。

オーナーにはなれないけど、ちゃんとフェラーリの良さがわかっていて、売ったりメンテナンスしたりといったプロの仕事をしています。犬の仕事をするのは、それと似た話かもしれません。

じつは、プロのトレーナーは自分の犬は飼っていないほうがいい、という話もあります。

ジョンのもとで勉強しているときに疑問に思ったことがありました。

日本人の訓練士はみんな教室にモデルの犬を置いています。自分の犬を教室に連れて来て「うちの子はこんなにできますよ」とお手本を見せる。そのうえで「あなたの犬もこうなるようにトレーニングしましょう」とやるわけです。

僕はそれが普通だと思っていたのですが、ジョンは基本的に自分の犬を連れてこない。なぜですかと聞いたら、ジョンが教えてくれました。

「犬がふだんどんな感情を持って生きてるか考えたことはないのか？　犬はずっと嫉妬してる生き物なんだ。教室で飼い主が他の犬を触るのをずっと見ていなきゃならないんだぞ。幸せなわけがない」――と。

そんなことを続けたら、中にはおかしくなってしまう犬もいるというのです。

たしかにそのとおりだと思いました。飼っている犬が寂しくないように、と思って2頭目を飼う人がよくいますが、どうしても新参者のほうが手がかかります。前からいた犬にとっては迷惑極まりない話だったりします。

ですから、プロに飼われている犬は不幸です。飼い主の手間がずっと他の犬に取られるわけですから。プロのトレーナーは犬を飼っていないほうがいい、というのはたしかに一理ある。

というわけで、どうしても犬を飼える環境ではない環境で犬にかかわって生きていこうと思ったら、プロになるという手もあります、とおすすめしておきます。

犬の仕事をしよう、と思ったら、専門学校などに通おうと考える人もいるでしょう。行ってもいいとは思います。

でも、その時間とお金があるなら、もっと有益なことができるかもしれません。

たとえば、最近こんなことがありました。

あるスタッフが「今度イベントで犬を車に乗せて運ぶんですが、その前に高速道路で走る練習をしていいですか?」と言う。

もちろん「いいよ」と答えたのですが、犬の専門学校に通うより、免許を取って運転に慣れておくほうが役に立つ場面も多々あるわけです。飼い主が求めていることと、やってほしいサービスを提供するには、犬とは直接関係のなさそうなスキルが必要な場合もあります。

すでに社会人として働いている人は、さまざまな分野での仕事の経験が飼い主をサポートするサービスに応用できる可能性がある、ということです。

これもジョンが言っていたことですが、体力面さえクリアできれば、**トレーナーには子育てを終えた主婦が一番向いている**そうです。忍耐力があるし、「思ったとおりに進まないのが当たり前」ということがわかっている。なにより生き物が育つとはどういうことかを熟知しているからだと。とても説得力のある話です。

ドッグトレーナーという仕事は、他の分野で経験を積んだ人が、第二の人生に選ぶ道にもなりうるということです。

この話をしたら、編集者に言われました。「そういえば岸さんも、レーサーだったからこそ福島に犬を助けに行けたんですよね」と。そうかもしれません。

この本は主に犬を飼う人、飼いたい人に向けたものですが、ドッグトレーナーの仕事に興味を持ってもらうきっかけにもなったらとても嬉しく思います。

著者

■著者紹介

岸　良一（きし・りょういち）

ドッグライフプランナーズ代表　ドッグトレーナー

1972 年 3 月、神奈川県大和市生まれ。明治大学経営学部経営学科卒業。

幼少期に過ごしたイタリアで、放し飼いにされた愛犬と飼い主が幸せそうな関係を築いている様子を見て衝撃を受ける。

1998 年、英国のドッグスクール、オーディン・ケイナイン・サービスと技術提携し、犬のしつけ教室「ドッグライフプランナーズ」を創業。しつけ教室をメインに、犬の保育園、ペットホテル、飼育方法のサポートも行っている。モットーは「犬には優しく、オーナーには厳しく」。

現在、東京都内を中心に、10 店舗展開中。犬の保育園店舗数 No.1。

体罰を行わないドッグトレーナーとして、日本の文化や生活環境に応じた高いレベルでの指導に定評がある。ドッグライフプランナー協会会長として、正しい犬の知識、犬の育成環境の向上、保護活動など、犬も人も幸せに暮らせる社会の実現に尽力している。

ドッグライフプランナーズ：https://www.dog-lp.com

■出版プロデュース　吉田 浩（株式会社天才工場）
■編集協力　水波 康　川端 隆人
■カバーデザイン　飯田 理湖

犬を飼うのはやめなさい

2024 年 10 月 17 日　初版　第 1 刷　発行

著　者　岸　良一
発行者　安田 喜根
発行所　株式会社 評言社
〒101-0052 東京都千代田区神田小川町2-3-13 M&Cビル3 F
TEL. 03 - 5280 - 2550（代表）FAX. 03 - 5280 - 2560
https://hyogensha.co.jp
印　刷　中央精版印刷 株式会社

 ISBN978-4-8282-0746-9 C0077
定価はカバーに表示してあります。
落丁本・乱丁本の場合はお取り替えいたします。